U0270184

普通高等教育"十二五"重点规划教材

【日】平野真一 著

杨 立 顾顺超 译

无机化学

上海交通大学出版社
SHANGHAI JIAO TONG UNIVERSITY PRESS

内容提要

　　本书从理解构成物质的原子的结构开始,围绕反映原子间化学键模式的物质结构和固体的化学性质,以及溶液状态的离子举动等要点进行了阐述。

　　本书在其各章论述中,不仅描述了元素状态的特性,而且以元素为中心,对我们身边常用的相关材料进行了解释。对于其中部分无法直接接触的已经产品化的材料,也以图片的方式进行了展示。

　　本书可作为工科学生学习基础无机化学的教科书,也可作为非化学专业学生的教科书或参考书。

MUKIKAGAKU

Copyright © 2012 Shinichi Hirano

Chinese translation rights in simplified characters arranged with Maruzen Publishing Co. Ltd. , through Japan UNI Agency, Inc. , Tokyo

上海市版权局著作权合同登记号:图字:09 - 2014 - 040

图书在版编目(CIP)数据

无机化学 / (日)平野真一著;杨立,顾顺超译.
—上海:上海交通大学出版社,2015
ISBN 978 - 7 - 313 - 13472 - 1

Ⅰ.①无… Ⅱ.①平… ②杨… ③顾… Ⅲ.①无机化
学-高等学校-教材 Ⅳ.①O61

中国版本图书馆 CIP 数据核字(2015)第 167244 号

无机化学

著　　者:[日]平野真一		译　　者:杨　立　顾顺超	
出版发行:上海交通大学出版社		地　　址:上海市番禺路 951 号	
邮政编码:200030		电　　话:021 - 64071208	
出 版 人:韩建民			
印　　制:上海华业装璜印刷有限公司		经　　销:全国新华书店	
开　　本:787 mm×960 mm　1/16		印　　张:10	
字　　数:151 千字			
版　　次:2015 年 10 月第 1 版		印　　次:2015 年 10 月第 1 次印刷	
书　　号:ISBN 978 - 7 - 313 - 13472 - 1/O			
定　　价:49.00 元			

版权所有　侵权必究
告读者:如发现本书有印装质量问题请与印刷厂质量科联系
联系电话:021 - 63812710

序

　　欣闻平野先生所作的《无机化学》即将出版,在此表示衷心的祝贺。这是平野先生发表的又一力作,是相关领域不可多得的优秀教科书。

　　平野先生与交通大学有着不解之缘。七年前,我初次结识平野先生,那时他作为日本名古屋大学校长造访交通大学。平野先生深厚的学术造诣、对大学管理的远见卓识给我留下了深刻的印象。后来随着两校合作交流的深入开展,我与平野先生的沟通交流越来越多,因此结下了深厚的友谊。2009年,平野先生卸任名古屋大学校长之后,在我的诚挚邀请下,他出任交大致远讲席教授、校长特别顾问、平野材料创新研究所所长,成为我校建校以来第五位名誉博士学位获得者,是一名名副其实的"交大人"。

　　在我的眼中,平野先生是一位杰出的科学家。在无机材料相关研究方面,他有着突出的成就。可以说,他将自己几十年的学术积淀倾注于这本《无机化学》中。《无机化学》分为基础篇和应用篇,在基础篇中,从了解构成物质的原子结构入手,重点解释原子间的结合与物质构造的关系、反应生成的固体的化学性质以及溶液状态下负离子的活动情况;应用篇则没有局限于元素理论,而是介绍了无机材料在我们日常生活的实际应用。本书不仅适用于在校学生,对于企业的材料研发人员也有重要的参考价值。

　　平野先生还是一位优秀的高等教育家。在他担任名古屋大学校长期间,名古屋大学实现了从优秀到卓越的跨越过程,跻身于世界一流大学行列;尤其令人称叹的是,在他担任校长的2008年,名古屋大学同时产生了三位诺贝尔奖获得者。也是在他的推动下,上海交通大学和名古屋大学的国际交流和合作日渐加深,促进了两校的快速发展。为提高两校的办学及教育质量做出了重要的贡献。

当前,经济全球化和信息时代的到来,国际化的交流对于大学的发展显得尤为重要。平野先生为推动中日两国开展友好学术交流,共同培养面向未来的青年人才鞠躬尽瘁。他是中日友好的见证者和贡献者。在他的帮助下,交大相关领域的科研水平有了长足的发展,向着世界一流的梦想更进了一步。

"德高鸿儒博学,望重英雄豪杰"。是为序。

上海交通大学校长、中科院院士

中国語訳本の出版にあたって

　本中国訳本の原書である「基礎化学コース 無機化学（平野眞一 著）」は、基礎化学コース編集委員会（井上晴夫、北森武彦、小宮山真、高木克彦、平野眞一）のもとで、知識のみを優先する教育ではなく、基礎概念の把握に焦点を当てる新しいカリキュラムを先導する教科書シリーズを発刊することを目指して書かれたコースの一冊であります。編集委員会の先生方、日本国丸善出版株式会社の中村俊司氏、小野栄美子氏、中村理氏には原書の企画から発刊に至るまで大変お世話になりました。心より感謝申し上げます。

　中国語訳本出版においては、上海交通大学 張 校長にご推薦とご理解をいただきました。ここに深謝申し上げます。また、翻訳の労をとってくださった上海交通大学化学・化学工学院の楊立教授、顧順超准教授、発刊の作業に当たってくださった上海交通大学出版社の趙氏、日本ユニ・エージェンシー株式会社中島真美氏、牟氏に感謝申し上げます。

　本書が、中華人民共和国の科学技術・学術の発展に少しでもお役に立つならば、ここで教育・研究に携わっている著者の望外の喜びであります。

　もう一度、私の大好きな王之渙老師作の詩の一部

　　　　　　欲窮千里目

　　　　　　更上一層楼

を、添えます。

上海交通大学致遠講席教授・学長特別顧問・平野材料創新研究所長

　（名古屋大学名誉教授、名古屋大学前校長、前名古屋大学大学院工学研究科教授・応用化学専攻、独立行政法人大学評価・学位授与機構前機構長）

平野眞一

2014 年吉日

写于中译本出版之际

本中译本的原著《基礎化学コース　無機化学　（平野眞一著）》是由日本基础化学教程编委会(井上晴夫、北森武彦、小宫山真、高木克彦、平野真一)所编写的系列教科书中的一本。该系列教材是为突破以往传授知识优先的教育模式,强调基本概念的把握而出版的新教程。在此衷心感谢编委会的同仁们,感谢日本国丸善出版社株式会社的中村俊司先生、小野荣美子女士以及中村理先生在原著的策划和出版过程中给予的帮助。

在出版中译本的过程中,得到了上海交通大学张杰校长的举荐和理解,在此表示衷心的感谢。同时也感谢承担翻译重任的上海交通大学化学化工学院的杨立教授和顾顺超副教授。

本书如果对中国的科学技术以及学术的发展能够起到微薄的作用的话,会让一直致力于教育以及研究的作者本人感到喜出望外。

最后,附上我最为欣赏的王之涣老先生的诗句：欲穷千里目,更上一层楼。

上海交通大学致远讲学教授、校长特聘顾问、平野材料创新研究所所长

(名古屋大学名誉教授、原名古屋大学校长、原名古屋大学工学研究科

应用化学专业教授、独立行政法人大学评价与学位授予机构原机构长)

平野真一

2014 年吉日

前　言

本书主要可用作工科学生学习基础无机化学的教科书或参考书。

进入 20 世纪以来，伴随着科学技术的飞速发展，人类迎来了新的物质文明时期。我们享受着科学技术发展所带来的果实，同时我们又以"效率主义"的姿态致力于科学技术的发展。20 世纪是以科技腾飞为基础的"产业主义"的时代，我们的物质生活也因此变得前所未有的丰富——人类沉浸在甜蜜幸福之中，谁也不愿意再回到过去的世界。21 世纪是"知识的世纪"，在这样的新时代中，人类在追求物质文明的同时，会更加注重精神文明的发展。

在我的学生时代，老师曾如此教导："30 年后石油将会枯竭。因此我们必须认真考虑如何有效利用石油、煤炭等化石资源，开发替代能源。化学产品源自化石资源。"时至今日，该教导一点也不过时，必须再度审视我们的生活方式，认真思考能源的本质。本书中所描述的新型电池材料等无机材料或许能成为支撑未来生活的基础。

众所周知，随着 20 世纪后半叶石油危机的再爆发，人们认识到构建节能、环保以及可持续发展社会的必要性，无机材料等新材料引人注目。在这一时期，号召资源的有效利用，由研发成果带来了一系列的技术创新，日本汽车的出口量也因此飞速增长，技术水平也显著提高。

但是如今，石油仍在被肆无忌惮地使用，似乎该资源依旧丰富：四处可见大排量车辆；各类照明依旧闪烁；电视节目也是 24 小时不间断播放。在此,我们必须换一个角度,再度思考能源以及环境问题。化石资源的总储量不仅不会逐年增加,而且只要我们是利用化石资源生产能源,就会增加 CO_2 和 NO_x 的量。因此从资源的有效利用和环境保护两个方面考虑技术的途径显得十分重要。

学习他人的知识是容易的,但要想将一个新的构想培育成应用技术,不仅需要个人的能力,还需要强大的物质以及精神支持。查阅世界著名的一些独创性产品资料可以发现,这些产品从构思到实现市场化所需要的时间大约为 13~15 年。科学技术,尤其工程学的发展,始终与提高生产和技术这一社会需求紧密相伴。但另一方面,它往往会忽略人与人的面对面交流,这也给社会留下了一定的负面影响。因此为了构建可持续发展社会,对工程学提出了新视角和综合性的要求。

资源缺乏的日本,必须是发挥知识特长,在国际舞台中生存并为之贡献的国家。让我们建设尊重知识的社会吧。从今往后,对于综合的科学知识以及通过知识解决问题的能力的要求将会变得更高;需要结合理工科和人文科学专家的共同智慧应对复杂问题;同时跨学科的协作变得日益重要。因此可以毫不夸张地说,产学协同创新能否成功完全取决于大学是否拥有扎实的学术基础。这就要求大学不仅需要培育在各个专业领域中不断探究真理的"I型人才",也同样需要努力培养"T型人才",他们具有能够跨学科理解团队中其他成员的相关专业基础并解决问题的综合能力。

本书从理解构成物质的原子的结构开始,围绕反映原子间化学键模式的物质结构和固体的化学性质,以及溶液状态的离子举动等要点进行了阐述(基础篇 1~5 章)。

在其他各章论述(6~7 章)中,不仅描述了元素状态的特性,而且以元素为中心,对我们身边常用的相关材料进行了解释。对于其中部分无法直接接触的已经产品化的材料,本书也以图片的方式进行了展示。在此对于那些理解本书的重要性,并提供宝贵产品的图片资料的同仁们表示深深的感谢。

　　本书还对一些问题进行了更深入的解说，并描述了其历史背景，希望作为拓展资料给读者提供参考。

　　虽然本书主要面向工程类化学专业的学生，但同时也可用作将非化学专业学生培养成"T型人才"的教材。如果本书对于培养创新社会的有用人才能有所帮助的话，我会非常高兴。

上海交通大学致远讲座教授、名古屋大学名誉教授

（原名古屋大学校长/名古屋大学研究生院应用化学专业教授）

平野真一

2012 年 4 月吉日

目　　录

第1章　原子结构 ………………………………………………………… 1

1.1　什么是原子 ………………………………………………………… 1

1.2　原子核的放射性衰变 ……………………………………………… 3

1.3　氢原子模型 ………………………………………………………… 4

1.4　周期表 ……………………………………………………………… 10

1.5　电离能 ……………………………………………………………… 14

1.6　电负性 ……………………………………………………………… 16

第2章　化学键 …………………………………………………………… 19

2.1　分子轨道函数 ……………………………………………………… 19

2.2　轨道函数的杂化 …………………………………………………… 21

2.3　分子的构型 ………………………………………………………… 23

第3章　固体化学 ………………………………………………………… 25

3.1　晶体结构 …………………………………………………………… 25

3.2　离子晶体 …………………………………………………………… 27

3.3　金属和半导体 ……………………………………………………… 32

3.4　离子晶体晶格能的推算 …………………………………………… 34

第4章　溶液化学 ………………………………………………………… 35

4.1　溶剂 ………………………………………………………………… 35

4.2　酸碱的定义 ………………………………………………………… 36

4.3 离子平衡 •• 38

4.4 HSAB •• 44

4.5 配合物的化学 •••••••••••••••••••••••••••••••••• 46

第 5 章 电化学与氧化还原 •••••••••••••••••••••••••• 62

5.1 电解质溶液 •••••••••••••••••••••••••••••••••••• 62

5.2 电池的电动势 •••••••••••••••••••••••••••••••••• 67

第 6 章 典型元素 ••••••••••••••••••••••••••••••••••• 78

6.1 氢(H) •• 78

6.2 一族元素 •••••••••••••••••••••••••••••••••••••• 79

6.3 二族元素 •••••••••••••••••••••••••••••••••••••• 81

6.4 13 族元素 •••••••••••••••••••••••••••••••••••••• 83

6.5 14 族元素 •••••••••••••••••••••••••••••••••••••• 88

6.6 15 族元素 •••••••••••••••••••••••••••••••••••••• 100

6.7 16 族元素 •••••••••••••••••••••••••••••••••••••• 106

6.8 17 族元素：卤素(halogens) •••••••••••••••••••• 109

6.9 18 族元素：稀有气体 •••••••••••••••••••••••••• 114

第 7 章 过渡元素 ••••••••••••••••••••••••••••••••••• 115

7.1 11 族元素 •••••••••••••••••••••••••••••••••••••• 115

7.2 12 族元素 •••••••••••••••••••••••••••••••••••••• 117

7.3 3d 组过渡金属 •••••••••••••••••••••••••••••••••• 118

7.4 4d 和 5d 区过渡金属 •••••••••••••••••••••••••••• 128

第 1 章 原子结构

理解构成物质的原子的结构。

构成元素周期表的根本是什么？

决定化学键极性的因子是什么？

1.1 什么是原子

物质是由被称为原子(atom)的微小粒子组成。据说最先提出原子存在的是希腊哲学家德谟克利特(Dēmokritos)。元素或原子是什么？在 18 世纪现代化学的初创期，化学家们意识到其是已到达物质不能再进一步分解的基本单位。进入 19 世纪，拉瓦锡(A. L. Lavoisier)通过化学方法将不能再分解的终极物质称为化学元素(element)。另外，自道尔顿(J. Dalton)1803 年发表原子假设以来，终极物质的单位被称为原子。此后，英国物理学家汤姆森(J. J. Thomson)根据真空放电实验，揭示了比原子小得多的电子的存在。1911 年，他的弟子卢瑟福(E. Rutherford)发现了原子核(atomic nucleus)的存在，以及构成原子核的质子(proton)。1932 年，卢氏的弟子查德威克(J. Chadwick)又发现了中子。经过三代研究者开拓性的研究，明确了原子是由原子核和电子构成的，原子核又包含不同数量的质子和中子。目前原子的种类已有 118 种之多。

通常，由同一原子序数的原子组成的物质称为元素。地球上存在的动植物、矿物等都是由原子结合形成的各种各样的物质所构成。

将一个原子核置于加速器中让它与其他原子核发生碰撞,通过核反应,原子核发生融合产生一个重元素。比铀(^{92}U)更重的元素,就是利用这样的方法人工合成的产物。

1935年,汤川秀树博士提出了创新的理论,它预言电中性的中子(neutron)与质子是藉着当时尚属未知的介子粒子(现在称为π介子)的交换而产生的力(核力)结合在一起的。此后,在宇宙射线的观测中发现了新粒子,人们曾一度关注这是否就是汤川理论获得了证实,但后来证实新粒子和汤氏理论所预言的粒子是不同的,汤川的合作研究者坂田昌一博士等说明了它与介子的不同。汤川博士所提出的介子成为之后多个基本粒子发现的先驱,他是基本粒子物理学、原子核物理学的开拓者、日本第一个诺贝尔奖得主,他给日本的科学家,特别是粒子物理学家增添了勇气。进入20世纪40年代,和汤川博士同样优秀的年轻研究者朝永振一郎提出了"超多时间理论"和"重整化理论",从而成功地阐明了用爱因斯坦(A. Einstein)相对论不能说明的现象。朝永振一郎的研究成果,不仅对基本粒子物理或原子核物理有贡献,而且成为物性物理学的基础。

新元素几乎都具有放射性,并且半衰期短。构成元素的每一个原子由原子核和绕着原子核运动的电子(electron)(质量为9.109 4×10^{-28} kg,电荷为−1.602×10^{-19} C,其绝对值称为元电荷)构成。居于原子中心的带正电的原子核占原子的大部分质量。原子核和电子通过库仑力相结合,原子的大小约为一亿分之一厘米[0.1 nm(纳米),1 Å(埃)]。另外,原子核由质子和中子组成,质子数和原子序数相等,质子数加上中子数等于质量数。

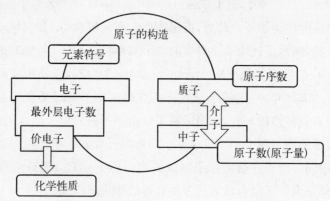

氢的原子核由质子和中子构成。质子的质量是电子质量的 1 836 倍并带一个单位的正电荷,中子的质量比质子质量稍大,是不带电荷的具有很强的穿透性的基本粒子。

另外,即使同一种元素,当原子核不同时,其名称也不同。核的种类被称为核素(nuclide),将原子序数相同但质量不同的元素,即具有相同质子数但中子数不同的原子核的原子称为同位素(isotope),如氢和氘等。

1.2 原子核的放射性衰变

即使是相同元素的同位素,只有由某种核组成的同位素才是无限稳定的。具有不稳定核素的原子放出放射线(radiation)发生自然衰变(decay),从而转变成稳定的核素,这种现象称为放射性衰变。具有放射能的核素称为放射性核素或放射性同位素。居里(M. Curie)夫妇发现了镭、钋等放射性元素。另外,放射线有 3 种为 α,β,γ 射线。它们分别是与有 2 个质子、2 个中子的氦原子核($_2^4$He)相同构造的粒子的原子核发生 α 衰变时放出的 α 射线,β 衰变时放出的电子线(由电子与正电子组成)的 β 射线,比 X 射线波长更短的电磁波(光子)的 γ 射线。

一旦放出 α 射线,原子序数就降低 2 个单位,质量数就会降低 4 个单位。下面给出衰变的例子:

$$^{238}\text{U} \longrightarrow \ ^{234}\text{Th} + \alpha$$

另一方面,β 衰变时质量数保持不变,原子序数降低 1 个单位。实质上等同于中子转变成了质子。以下为 β 衰变的例子:

$$^{60}\text{Co} \longrightarrow \ ^{60}\text{Ni} + \beta$$

以上两个衰变服从一级反应的理论,将放射性核的个数减少至目前的 1/2 所需要的时间称为半衰期(half-life),这个时间不受温度的影响。因此,不稳定同位素(unstable isotope)的半衰期是该同位素的特征性质。原子序数 84(钋)以及以上的元素不具有稳定的同位素。

铀、钍、钋等原子序数大的重原子核吸收中子等诱发分裂成两个中等程度大小的元素,这个过程被称为核裂变(nuclear fission)。这样的重核如果捕获中子,将触发连锁反应。这时,在产生多个中子的同时又有大量的能量放出,因此,由这个反应获得的能量可以应用于核反应堆(nuclear reactor)。

以下为典型的核裂变的例子。让铀 235 的中子发生反应,分裂成钡 141 和氪 92,放出 3 个高速运动的中子,这些中子又变成了另外的铀 235。

$$^{235}U + n \rightarrow \, ^{141}Ba + \, ^{92}Kr + 3n \quad (n 为中子)$$

原子序数	92	0	56	36	0
中子数	143	1	85	56	3

核裂变放出的能量非常大,铀 235 的核裂变反应放出的能量相当于每个原子约 200 MeV[3.2×10^{-11} J(焦耳)]。1 克的铀 235 含有 2.56×10^{21} 个原子核,如果全部发生核裂变将会产生约 8.2×10^{10} J 的能量,这相当于 20 吨炸药释放的能量。控制核裂变反应使其慢慢地持续释放能量,这就形成了核反应堆。另一方面,让这个核裂变连锁反应高速进行产生巨大能量的就是原子弹。原子弹应该废除。

轻原子核发生融合,也可能产生更重的核,这就称为核融合(nuclear fusion)。控制核融合过程使其持续产生能量的研究正在进行。

此外,利用核反应可以制备自然界不存在的同位素。代表性的核反应如下所示:

$$^{209}Bi(n, \gamma)^{210}Bi \longrightarrow \, ^{210}Po + \beta$$

上式表示了 ^{209}Bi 捕获中子后产生的核素迅速放射 γ 射线而变成 ^{210}Bi,后者发生 β 衰变生成 ^{210}Po。

顺便提及,医院中所谓的"钴辐照"癌症治疗使用的是 γ 射线,投在日本广岛、长崎的原子弹放射的是中子线和 γ 射线。

1.3 氢原子模型

1.3.1 氢原子光谱

众所周知,将金属放入燃气火焰中,金属会发生呈现特征颜色的焰色反应。这是金属原子获得火焰的能量后发出的光。经过棱镜等分光后，为不连续的线状光谱。这样由原子吸收或放出光的谱线称为原子光谱。光的吸收或放出是原子中电子状态发生变化的起因。

已知氢原子光谱由如下所示的几个系列组成：

(1) 莱曼系列(Lyman series)(紫外区)。

$$\nu = R\left(\frac{1}{1^2} - \frac{1}{n^2}\right) \quad n = 2, 3, 4, 5\cdots \quad (1-1)$$

(2) 巴尔末系列(Balmer series)(可见区)。

$$\nu = R\left(\frac{1}{2^2} - \frac{1}{n^2}\right) \quad n = 3, 4, 5, 6\cdots \quad (1-2)$$

(3) 帕邢系列(Paschen series)(红外区)。

$$\nu = R\left(\frac{1}{3^2} - \frac{1}{n^2}\right) \quad n = 4, 5, 6, 7\cdots \quad (1-3)$$

上述的一系列式子可以用下列的通式表示：

$$\nu = R\left(\frac{1}{m^2} - \frac{1}{n^2}\right) \quad m = 2, 3, 4, 5, \cdots,$$
$$n = (m+1), (m+2), (m+3)\cdots \quad (1-4)$$

式中，ν 为波数，即波长的倒数。R 为里德堡常数，其实验值为 $1.097\,373 \times 10^{-7}(\mathrm{m}^{-1})$。

1.3.2　玻尔的氢原子模型

1913 年，玻尔(N. Bohr)提出氢的电子绕着质子周围的一定半径的轨道运动，但他的观点没有被当时的物理学家们接受。此后，玻尔做出说明：各轨道内电子的角动量(angular momentum)$m\nu r$ 是量子化的，并遵从下式：

$$m\nu r = \frac{nh}{2\pi} \quad n = 1, 2, 3, 4\cdots \quad (1-5)$$

式中，m、ν、r 以及 h 分别为电子的质量、电子的速度、轨道半径以及普朗克常数(Planck's constant)。n 为整数，是相应轨道的量子数(quantum number)。

稳定轨道和量子条件(quantization condition)这样的假定和当时的物理理论是不相容的。如果采用这样的假定,则各轨道的能量和半径可以用式(1-6)和式(1-7)表示:

$$E = -\frac{2\pi^2 m Z^2 e^4}{n^2 h^2} \qquad (1-6)$$

$$r = \frac{r^2 h^2}{4\pi^2 m e^4 Z} \qquad (1-7)$$

式中,Z 为核电荷数(nuclear charge),氢的 $Z=1$。式(1-6)中如果代入常数,就可得到含里德堡常数的形式,如式(1-8)所示:

$$E = -\frac{R}{n^2} \qquad (1-8)$$

另一方面,在同一时期普朗克提出了如下的假定:电子只有在某一个能级向另一个能级迁移时,才有能量的放出或吸收,这放出或吸收的能量是量子化的,可用式(1-9)表示:

$$E = h\nu \quad (\nu = c/\lambda, c \text{ 为真空中的光速}) \qquad (1-9)$$

玻尔采用了上述普朗克的假定,并成功地阐明了氢的原子光谱。计算得到最稳定轨道的半径为 0.529 Å(0.052 9 nm=52.9 pm),这个值称为玻尔半径(Bohr radius)。在玻尔模型中,原子内某一时刻的电子被认为不但具有准确的一定的位置,并且还具有一定速度的粒子。这一认识将被后述的电子具有波动性的事实所否定。

1.3.3　波动力学

德布罗意(L. de Broglie)提出了具有动量 p 的运动粒子是物质波的假设。该物质波的波长 λ 与动量之间的关系可用式(1-10)表示:

$$\lambda = \frac{h}{p} \qquad (1-10)$$

即表示物质具有光一样的波动性。也就是物质与放射有时表现出波的特性,有时又表现为粒子的特性。

关于电子的波动性质,1926 年薛定谔(Schödinger)建立了量子力学的基本方程——薛定谔方程(Schödinger equation)。对于三元空间的电子,其薛定谔方程可表示为式(1-11):

$$\nabla^2\Psi + \frac{8\pi^2 m}{h^2}(E-V)\Psi = 0 \qquad (1-11)$$

式中,E 是总能量,V 是势能,∇^2 表示 $\frac{\partial^2}{\partial x^2} + \frac{\partial^2}{\partial y^2} + \frac{\partial^2}{\partial z^2}$,$\Psi$ 表示电子的振幅,称为波函数(wave function),Ψ^2 是空间某处出现电子的概率,可以把它看成是电子密度。根据某一空间内电子出现的概率必须等于 1,就决定了如式(1-12)所示的归一化条件:

$$\int \Psi^2 d_x\, d_y\, d_z = 1 \qquad (1-12)$$

Ψ^2 表示概率密度(probability density),意味着电子的位置和动量不可同时准确地测定,这和海森堡(Werner Heisenberg)提出的测不准原理(Uncertainty principle)相一致。海森堡指出,在一维空间位置的不准量与动量的不准量之积($\Delta x \cdot \Delta p_x$)约等于 $h/2\pi$。

1.3.4　氢原子的轨道函数

这里只考虑只有一个电子的最简单的原子氢原子的原子轨道(atomic orbital)。氢原子因为是最简单的模型,所以对于表示原子轨道形状的函数,即量子力学中所谓原子的波函数以及化学键等基础的理论背景比较容易理解。

对氢原子而言,其质子的周围只有一个电子,当两个粒子的距离为 r 时,它们所具有的位能为 $-e^2/r$。将该位能代入式(1-11)所示的薛定谔方程,即得式(1-13):

$$\nabla^2\Psi + \frac{8\pi^2 m}{h^2}\left(E + \frac{e^2}{r}\right)\Psi = 0 \qquad (1-13)$$

上述方程的解 Ψ 是三元空间的函数,称为波函数。这里省略了关于这一方程解法的详细数学说明。将三维直角坐标系换成极坐标系,并将 Ψ 理解成径向坐标与角度坐标之乘积就比较容易解方程了,得到的解以球谐函数(spherical harmonics)表示。

球面调和函数由被称为量子数(quantum number)的角量子数(l)和磁量子数(m)决定。l的取值为0和正整数。对于给定的l,m可取值为l,$l-1$,$l-2$,…,0,…,$-l+2$,$-l+1$,$-l$,共($2l+1$)个。相对于$l=0,1,2,3,4$,分别用记号 s(sharp),p(principal),d(diffuse),f(fundamental)表示。另外,全体的波函数可用合适的径向函数与角度函数的积表示。径向函数的解可用联属拉盖尔(Laguerre)函数表示,该函数受到量子数l与量子数n(整数)所满足的式(1-14)的规定。

$$n \geqslant l+1 \tag{1-14}$$

根据上述关系式,当$n=1$时,l只能是0。如果$n=2$,则l为0或1。同样,如果$n=3$,则l为0,1或2。为了表示原子轨道函数,根据主量子数n的值,可以表示为1s;2s,2p;3s,3p,3d…。由$n=1,2$或3的轨道函数构成的壳有时也称为K,L或M壳(见表1-1)。

表1-1 原子轨道函数的量子数和记号

n	l	m	记 号	
1	0	0	1s	K
2	0	0	2s	
2	1	-1, 0, 1	2p	L
3	0	0	3s	
3	1	-1, 0, 1	3p	M
3	2	-2, -1, 0, 1, 2	3d	
4	0	0	4s	
4	1	-1, 0, 1	4p	
4	2	-2, -1, 0, 1, 2	4d	N
4	3	-3, -2, -1, 0, 1, 2, 3	4f	

在原子核周围运动着的电子的轨道函数中,对应于跳跃式存在的各个能级,有 s,p,d 等轨道函数存在。

这些轨道函数的形状如图1-1所示。在波动力学中,作为粒子的电子,不能准确测定其位置。但是,在空间,根据波函数(Ψ),可表示出电子存在的相对概率(Ψ^2)。假定电子是均匀分布的负电荷,则它的密度对应于 Ψ^2 的大小在各处是不同的。

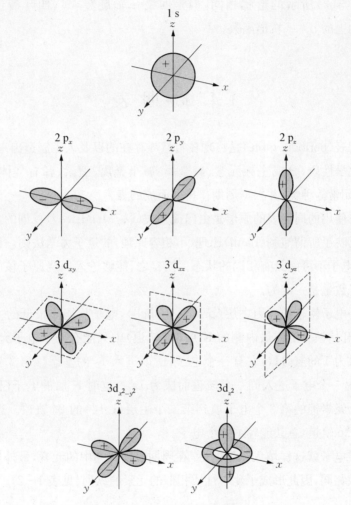

图 1-1 氢原子各轨道函数的形状

在图 1-1 中,各电子云标上了正负号,但这是各波函数在空间领域所取的符号。电子的密度用 Ψ^2 表示,所以总是正的。

各轨道函数具有特征的形状,这在考量化学结合时的轨道重叠十分重要。s 轨道函数是球对称的,p 轨道函数为沿中心原子核正、负电子云上下按哑铃型伸展。d 轨道可以分为以下 3 种类型：

（1）回绕着 z 轴具有对称性的 d_{z^2} 轨道函数；

（2）成四叶草形状的 d_{xy}，d_{xz}，d_{yz} 轨道函数；

（3）与（2）所示的形状相同，但是回绕 z 轴旋转 $45°$，四叶瓣正好落在 x 轴、y 轴上的 $d_{x^2-y^2}$ 轨道函数。

1.4　周　期　表

周期表（periodic table）是将现在自然界存在的以及人工制造出来的元素，根据其化学性质，分成主族元素、碱金属、碱土金属、卤素、稀有气体、氧族元素、过渡元素等种类，并根据周期律排列而成的表。

现在使用的周期表的原形是由门捷列夫（D. Mendeleev）首创的。周期表的构造反映了所谓泡利（Pauli）原理（不相容原理）的量子力学法则。该原理指出，两个电子不可能具有相同的状态。换言之，能够进入回绕原子核的电子轨道的电子数量是一定的。

这个电子轨道被称为主层（principal shell），电子从能级最低的主层（$n=1$，K 层）开始被分配。最内侧的 K 层（1s 轨道）中只能有两个电子允许进入。原子序数为 1 的氢（H），它有一个电子，所以进入 1s 的基态。第 2 号元素氦（He）的另一个电子进入同一个轨道而成为 $1s^2$。这时 K 层的电子已填满，所以下一个元素锂的第 3 个电子填到第二个主层（L 层）的 2s 轨道。这个 L 层有 2s 和 2p 轨道，总共能容纳 8 个电子。

如果电子就这样填入轨道的话，在周期表同一列中的元素，最外层轨道中的电子数相同，因此形成了化学性质相似的元素的纵列（见表 1-2）。

表 1-2　元素基态的电子排列（$_1$H～$_{90}$Th）

元素	K	L		M			N				O				P			Q
	1s	2s	2p	3s	3p	3d	4s	4p	4d	4f	5s	5p	5d	5f	6s	6p	6d	7s
$_1$H	1																	
$_2$He	2																	

（续表）

元素	K	L		M			N				O				P			Q
	1s	2s	2p	3s	3p	3d	4s	4p	4d	4f	5s	5p	5d	5f	6s	6p	6d	7s
₃Li	2	1																
₄Be	2	2																
₅B	2	2	1															
₆C	2	2	2															
₇N	2	2	3															
₈O	2	2	4															
₉F	2	2	5															
₁₀Ne	2	2	6															
₁₁Na	2	2	6	1														
₁₂Mg	2	2	6	2														
₁₃Al	2	2	6	2	1													
₁₄Si	2	2	6	2	2													
₁₅P	2	2	6	2	3													
₁₆S	2	2	6	2	4													
₁₇Cl	2	2	6	2	5													
₁₈Ar	2	2	6	2	6													
₁₉K	2	2	6	2	6		1											
₂₀Ca	2	2	6	2	6		2											
₂₁Sc	2	2	6	2	6	1	2											
₂₂Ti	2	2	6	2	6	2	2											
₂₃V	2	2	6	2	6	3	2											
₂₄Cr	2	2	6	2	6	5	1											
₂₅Mn	2	2	6	2	6	5	2											
₂₆Fe	2	2	6	2	6	6	2											
₂₇Co	2	2	6	2	6	7	2											
₂₈Ni	2	2	6	2	6	8	2											
₂₉Cu	2	2	6	2	6	10	1											
₃₀Zn	2	2	6	2	6	10	2											
₃₁Ga	2	2	6	2	6	10	2	1										
₃₂Ge	2	2	6	2	6	10	2	2										
₃₃As	2	2	6	2	6	10	2	3										
₃₄Se	2	2	6	2	6	10	2	4										
₃₅Br	2	2	6	2	6	10	2	5										
₃₆Kr	2	2	6	2	6	10	2	6										

（续表）

元素	K	L		M			N				O				P			Q
	1s	2s	2p	3s	3p	3d	4s	4p	4d	4f	5s	5p	5d	5f	6s	6p	6d	7s
₃₇Rb	2	2	6	2	6	10	2	6			1							
₃₈Sr	2	2	6	2	6	10	2	6			2							
₃₉Y	2	2	6	2	6	10	2	6	1		2							
₄₀Zr	2	2	6	2	6	10	2	6	2		2							
₄₁Nb	2	2	6	2	6	10	2	6	4		1							
₄₂Mo	2	2	6	2	6	10	2	6	5		1							
₄₃Tc	2	2	6	2	6	10	2	6	6		1							
₄₄Ru	2	2	6	2	6	10	2	6	7		1							
₄₅Rh	2	2	6	2	6	10	2	6	8		1							
₄₆Pd	2	2	6	2	6	10	2	6	10									
₄₇Ag	2	2	6	2	6	10	2	6	10		1							
₄₈Cd	2	2	6	2	6	10	2	6	10		2							
₄₉In	2	2	6	2	6	10	2	6	10		2	1						
₅₀Sn	2	2	6	2	6	10	2	6	10		2	2						
₅₁Sb	2	2	6	2	6	10	2	6	10		2	3						
₅₂Te	2	2	6	2	6	10	2	6	10		2	4						
₅₃I	2	2	6	2	6	10	2	6	10		2	5						
₅₄Xe	2	2	6	2	6	10	2	6	10		2	6						
₅₅Cs	2	2	6	2	6	10	2	6	10		2	6			1			
₅₆Ba	2	2	6	2	6	10	2	6	10		2	6			2			
₅₇La	2	2	6	2	6	10	2	6	10		2	6	1		2			
₅₈Ce	2	2	6	2	6	10	2	6	10	1	2	6	1		2			
₅₉Pr	2	2	6	2	6	10	2	6	10	3	2	6			2			
₆₀Nd	2	2	6	2	6	10	2	6	10	4	2	6			2			
₆₁Pm	2	2	6	2	6	10	2	6	10	5	2	6			2			
₆₂Sm	2	2	6	2	6	10	2	6	10	6	2	6			2			
₆₃Eu	2	2	6	2	6	10	2	6	10	7	2	6			2			
₆₄Gd	2	2	6	2	6	10	2	6	10	7	2	6	1		2			
₆₅Tb	2	2	6	2	6	10	2	6	10	9	2	6			2			
₆₆Dy	2	2	6	2	6	10	2	6	10	10	2	6			2			
₆₇Ho	2	2	6	2	6	10	2	6	10	11	2	6			2			
₆₈Er	2	2	6	2	6	10	2	6	10	12	2	6			2			
₆₉Tm	2	2	6	2	6	10	2	6	10	13	2	6			2			
₇₀Yb	2	2	6	2	6	10	2	6	10	14	2	6			2			

（续表）

元素	K	L		M			N				O				P			Q
	1s	2s	2p	3s	3p	3d	4s	4p	4d	4f	5s	5p	5d	5f	6s	6p	6d	7s
$_{71}$Lu	2	2	6	2	6	10	2	6	10	14	2	6	1		2			
$_{72}$Hf	2	2	6	2	6	10	2	6	10	14	2	6	2		2			
$_{73}$Ta	2	2	6	2	6	10	2	6	10	14	2	6	3		2			
$_{74}$W	2	2	6	2	6	10	2	6	10	14	2	6	4		2			
$_{75}$Re	2	2	6	2	6	10	2	6	10	14	2	6	5		2			
$_{76}$Os	2	2	6	2	6	10	2	6	10	14	2	6	6		2			
$_{77}$Ir	2	2	6	2	6	10	2	6	10	14	2	6	7		2			
$_{78}$Pt	2	2	6	2	6	10	2	6	10	14	2	6	9		1			
$_{79}$Au	2	2	6	2	6	10	2	6	10	14	2	6	10		1			
$_{80}$Hg	2	2	6	2	6	10	2	6	10	14	2	6	10		2			
$_{81}$Tl	2	2	6	2	6	10	2	6	10	14	2	6	10		2	1		
$_{82}$Pb	2	2	6	2	6	10	2	6	10	14	2	6	10		2	2		
$_{83}$Bi	2	2	6	2	6	10	2	6	10	14	2	6	10		2	3		
$_{84}$Po	2	2	6	2	6	10	2	6	10	14	2	6	10		2	4		
$_{85}$At	2	2	6	2	6	10	2	6	10	14	2	6	10		2	5		
$_{86}$Rn	2	2	6	2	6	10	2	6	10	14	2	6	10		2	6		
$_{87}$Fr	2	2	6	2	6	10	2	6	10	14	2	6	10		2	6		1
$_{88}$Ra	2	2	6	2	6	10	2	6	10	14	2	6	10		2	6		2
$_{89}$Th	2	2	6	2	6	10	2	6	10	14	2	6	10		2	6	1	2
$_{90}$Th	2	2	6	2	6	10	2	6	10	14	2	6	10		2	6	2	2

化学性质相似的元素，可以分成以下的组群：

（1）主族元素（main group elements）：1,2,13～18 族的 44 个元素。电子配置按照 s 和 p 轨道的顺序填充。外层电子只有 s 电子和 p 电子的元素称为典型元素。

（2）碱金属（alkaline metals）：主族元素中第 1 族所属，有 6 个元素，即锂（Li）、钠（Na）、钾（K）、铷（Rb）、铯（Cs）和钫（Fr），生成一价阳离子，带正电荷。熔点低，导电性高，导热性好。ns 轨道上只配置 1 个电子。

（3）碱土金属（alkaline earth metals）：主族元素中第 2 族所属，有 6 个元素，即铍（Be）、镁（Mg）、钙（Ca）、锶（Sr）、钡（Ba）和镭（Ra），生成二价阳离子，电子配置为 ns^2。

（4）卤素（halogens）：主族元素中第 17 族所属，有 5 个元素，即氟（F）、氯

（Cl)、溴(Br)、碘(I)和砹(At)，接受 1 个电子，成为稀有气体的结构，因此容易生成一价阴离子和双原子分子。电子配置为 ns^2np^5。

（5）稀有气体(noble gases)：主族元素中第 18 族所属，有 6 个元素，即氦(He)、氖(Ne)、氩(Ar)、氪(Kr)、氙(Xe)和氡(Rn)，具有化学惰性，是不活泼气体。外部的电子配置为 ns^2np^6。

（6）氧族元素(chalcogens)：该族群具有 ns^2np^4 的外层电子配置，氧(O)、硫(S)、硒(Se)和碲(Te)等元素称为氧族元素。

（7）过渡元素(transition elements)：3～12 族的 59 个元素(原子序数 103 为止)。随着原子序数的增加，电子填入 d 轨道或 f 轨道，也就是所谓的 d 区和 f 区的元素群。

钙($_{20}$Ca)和镓($_{31}$Ga)之间有 10 个元素，这些元素采取将 3d 轨道填满的电子配置。它们以[Ar]$4d^2 3d^x$ 配置，$x=1\sim10$。同样，锶($_{38}$Sr)和铟($_{49}$In)之间则为从[Kr]$5d^2 4d$ 至[Kr]$5d^2 4d^{10}$ 的系列。此外，从镧($_{57}$La)到汞($_{80}$Hg)，是从[Xe]$6d^2 5d$ 至[Xe]$6d^2 5d^{10}$ 的系列。除了锌(Zn)、镉(Cd)和汞(Hg)这一族，这些元素被称为过渡元素或 d 区元素(d-block elements)。

过渡元素的特征是其原子或离子的电子配置具有不完全的 d 分层。具有不完全 3d 分层的元素称为第一过渡系列，4d 以及 5d 分层不完全的元素群，分别称为第二、第三过渡系列。

锌(Zn)、镉(Cd)和汞(Hg)形成二价阳离子，在这一点上，它们和碱土金属相似，但最外层轨道的内侧是电子全满的配置 nd^{10}，所以它们又和具有 ns^2np^6 配置的碱土金属具有不同的化学性质。

填充 4f 轨道的镧($_{57}$La)与铪($_{72}$Hf)之间的 14 个元素，和镧的化学性质十分相似，所以统一称为镧系元素(lanthanoids)。另外，部分填满 5f 轨道的元素群称为锕系元素(actinoids)。这两个系列统称 f 区元素(f-block elements)。

1.5　电　离　能

原子和分子失去 1 个电子形成离子所需要的最小能量叫作电离能(ionization energy)，单位是电子伏特(eV)。让结合最弱的电子发生电离所需要的能量叫作第一电离能。同样,第二、第三、第四电离能也被测定。但是,在化学领域中,从已经解离了 1 个电子的一价阳离子再失去一个电子所需要的能量叫作第二电离能。电离能随原子序数的变化如图 1-2 所示。

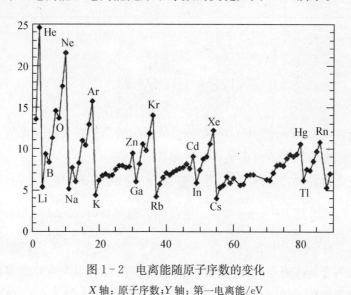

图 1-2　电离能随原子序数的变化

X 轴:原子序数;Y 轴:第一电离能/eV

随着原子序数的增加,碱金属处出现极小值,稀有气体处出现极大值,从而呈现出锯齿形的变化。这表明稀有气体具有闭壳电子配置(closed shell configuration),十分稳定,从这样的结构失去 1 个电子是困难的。

另一方面,对碱金属而言,其内壳(inner shell)具有和稀有气体同样的电子配置,最外层轨道只有 1 个电子,所以容易失去。另外,可以看到从 $2s^2$($_4$Be)到 $2s^2 2p$($_5$B),从 $2s^2 2p^3$($_7$N)到 $2s^2 2p^4$($_8$O)电离能明显下降。前者是电子从 2s 满轨道的状态到 1 个电子进入 2p 轨道的过程,这种情况下,s 满轨道对原子核的吸引力有屏蔽作用,所以 2p 轨道中的 1 个电子变得容易失去。后者则是在半满的 2p 轨道中再加入 1 个电子的过程,这时因为受到已有电子的排斥,吸引力较弱,所以容易失去这个电子。

另外,过渡元素中的 Cr 元素和 Cu 元素的电子配置,因为其具有满壳层(filled shell)及半满壳层(half-filled shell)结构,稳定性高,所以电子配置表面看来有点异常。它们为了完成 3d 轨道的半满 d5 及全满 d10 的电子配置,借用了 4s 电子。过渡元素的电子配置如表 1-3 所示。

表 1-3 过渡元素的电子配置

Sc	Ti	V	Cr	Mn	Fe	Co	Ni	Cu	Zn
$4s^2\,3d$	$4s^2\,3d^2$	$4s^2\,3d^3$	$4s^1\,3d^5$	$4s^2\,3d^5$	$4s^2\,3d^6$	$4s^2\,3d^7$	$4s^2\,3d^8$	$4s^1\,3d^{10}$	$4s^2\,3d^{10}$
			半满					全满	

1.6 电 负 性

电负性(electronegativity,c)是衡量分子中的原子获得电子形成带负电荷的离子的倾向的尺度。卤素是负电性元素的典型。

电负性有各种各样的标度,密立根(R. S. Mulliken)用电离势(I)和电子亲和能(A)的平均 $E = \dfrac{I+A}{2}$ 来表示电负性。而鲍林(L. Pauling)指出,如果 A 原子和 B 原子具有相同的电负性,则 A-B 键的强度可用 A-A 键能和 B-B 键能的几何平均来表示。但是,这一关系只有在它们均为纯粹的共价键时才成立。通常两种不同的原子具有不同的电负性,所以它们之间的结合,除了共价键以外还有离子键的贡献。因此,键能要比几何平均值大。用 $D^{1/2}$ 表示键能差,则可由式(1-15)求得电负性。鲍林一开始就指定负电性强的氟的电负性为4,如果 A、B 原子的电负性分别为 c_A,c_B,则

$$|\chi_A - \chi_B| = 0.102\Delta^{1/2} \tag{1-15}$$

另外,阿莱(A. L. Allred)和罗周(E. G. Rochow)提出了计算电负性的公式(1-16),用 Z 表示对电子的有效核电荷。Z 可以通过斯莱特(J. C. Slater)求算有效核电荷的经验规则估算,该规则可以确定某一个电子受到原子中其他电子对核电荷的屏蔽程度。r 为轨道的平均半径,原子的共价半径以 Å(埃)为单位。

$$\chi = \frac{0.359Z}{r^2} + 0.744 \tag{1-16}$$

图1-3是介绍周期表中元素的电负性(根据 Allred-Rochow 的电负性数据)。

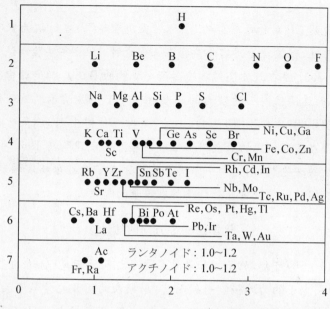

图 1-3 周期表中元素的电负性

注：X 轴：电负性；Y 轴：周期

基本粒子物理学在日本的探索之路

构成质子和中子的基本粒子是夸克（质子和中子分别由分属于两类的三个夸克组成的）。坂田昌一博士（名古屋大学原教授）在 1955 年提出了夸克现有模型的原型——坂田模型。1962 年，他又假定曾被认为没有质量的中微子具有质量，提出了不同种类的中微子之间互变化的"中微子振荡"理论。但令人遗憾的是，1970 年坂田博士英年早逝。

小柴昌俊博士用岐阜县的神冈探测器发现了宇宙中微子的存在。2002 年，因其在"天体物理学特别是宇宙中微子的检出所做出的先驱性贡献"而获得诺贝尔物理学奖。如果假定大约 140 亿年前的大爆炸诞生宇宙时产生同等数量的"构成物质的粒子"和"构成反物质的反粒子"，则粒子与反粒子相遇应该会湮灭，但宇宙只由粒子组成。这被称为"CP 对称性破坏"的问题（C：电荷共轭（charge conjugation）转换，P：宇称（Parity）变换——空间反射变换）。1973 年，名古屋大学坂田研究室出身的小林诚博士和益川敏英博士发表了说明 CP 对称性破坏的"小林·益川理论"。当时认为只有两代四种的夸克存在,但该理论预言夸克存在三代六种,1995 年实验确认了这六种夸克,并于 2001 年在筑波高能加速器研究机构的 B 工厂加速器中得到了实验验证,从而这两位博士的理论的正确性得到了实验演示。该理论成为基本粒子物理学"标准理论"的基础,小林、益川两位博士因为"预言夸克在自然界至少存在三代以上的有关对称性破缺起源的发现",与 1960 年提出"自发对称性破缺理论"的南部阳一郎博士一起分享了诺贝尔物理学奖,后者指出,空间-时间的对称性破坏是物质具有质量的起源。

化学键极性方向的估计

由式(1-16)可知,原子核和最外层电子之间的距离(轨道的平均半径)越短,则吸引电子的力越强。一般而言,周期表的同族元素从下至上距离 r 变小,所以负电性变强。同一周期中从左到右,原子核电荷 Z 变大,对电子的吸引力增强。

电负性的值最小的原子是最大的碱金属铯(Cs),值最大的原子是最小的卤素氟(F)。也就是说,氟具有强的负电性。另外,正电性强的理由正好和负电性强的理由相反。虽然正电性最强的是钫(Fr),但更加亲近的原子是铯。电负性对于化学键极性方向的估计十分有效。

第 2 章 化学键

理解决定分子形状的因素。

理解原子间通过电子的共有形成分子轨道。

分子的形状(结构)可以预测吗?

化学键(chemical bond)的类型可分为:同种或不同种的分子或原子通过共有电子对形成的共价键;将某个原子的电子对给予其他原子或离子而形成的配位键;正负单原子或多原子离子通过静电力结合形成的离子键;金属原子间作用的金属键;存在于氢原子和电负性大的元素(氟、氧、氮等)相结合的分子间的氢键;以及中性分子间存在的分子间力。本章首先学习分子键合的基础,关于由离子键、金属键形成的固体将在下一章叙述。

2.1 分子轨道函数

首先考察化学键中的共价键。分子轨道理论(molecular orbital(MO) theory)和价键理论(valence bond(VB) theory)都是基于路易斯(N. G. Lewis)电子对的思考模式来粗略说明形成稳定键合的近似理论,并考虑了共价键的极端情形。实际上,通过中间状态的考量,可以对共价键有更好的理解。

分子轨道理论将对原子中电子的处理方法扩展到了分子。分子中的电子根据同一轨道上不能占据三个以上电子的原理,占有离域轨道(delocalized orbital)。

H_2分子为什么比两个氢原子具有更低的能量,这和为什么 H_2分子所具有的最低能级的分子轨道函数比氢原子的 1s 轨道函数具有更低能量是一回事。另外,两个氢原子成键时产生的能量变化只占总能量的 18%,因此可以推测,H_2的分子轨道函数和氢原子的原子轨道函数密切相关。也就是说,电子如果接近一个原子核,就受到该核的势能场的影响,原子如此,分子也一样。因此,就容易理解分子轨道函数与原子轨道函数必须相似的道理。这是分子轨道函数用原子轨道函数线性组合来表示的所谓线性近似法(linear combination of atomic orbital,LCAO)的基础。

另一方面,虽然价键理论认为分子中的电子占有原子轨道,但是如果两个原子轨道重叠,电子就不再有区别,不能确定电子来自哪一个轨道。这就意味着表示电子的波函数必须考虑电子的离域性。

如上所述,无论是分子轨道理论还是价键理论,它们都指出由于原子轨道的重叠,引起电子的离域化,产生强的键合。对于共价键而言,原子轨道的重叠是关键。这个重叠数学上可以用重叠积分(overlap integral)定量表示。

对化学键进行明确分类是困难的,但是在这一章,离子键相关的部分暂不讨论,主要处理原子间以共享电子为主要成键因素的化学键。

不同原子的外层轨道,在各原子间以电子密度增加的方向重叠时,可以认为是生成了一个化学键。因此,键是否生成,可以通过原子轨道重叠积分的符号,即正、负或零来进行判断。同号重叠积分取正号,生成成键分子轨道;反号重叠积分取负号,生成反键分子轨道。另外,对于符号相反、大小相等的重叠积分,则净重叠为零,而生成非键轨道。取正号就意味着原子间轨道的重叠,导致相应原子间的电子密度大于这些原子单独存在时所具有的电子密度之和。因此,多余的电子密度由两个原子公有,当双方原子核对这些电子的引力大于原子核的相互斥力时,就形成了化学键。

用 σ、π、δ 等来表示化学键相关的分子轨道。σ 分子轨道和只有一个球形轨道的原子的 s 轨道一样,它是沿键轴呈圆柱型分布(角量子数为 0)而没有符合的变化。就像在 p 轨道中看到的那样,在 π 分子轨道也有节面(nodal plane),将其分成两个相反的区域。π 分子轨道必定是由各原子拿出两个同种的 p 轨道（p_x 和 p_y）来等价组合而成,因而形成两个等价的 π 成键分子轨道和两个 $π^*$ 反键分子轨道。另外,过渡金属化合物中的化学键,存在具有两个节面的 δ 分子轨道。δ 分子轨道不是来自 s 轨道和 p 轨道,而是由 d 轨道（d_{xy}, $d_{x^2-y^2}$）重叠而成。

一般而言,化学键的键级等于成键分子轨道中电子对的数目（n_b）与反键分子轨道中电子对数目（n_a）之差,即（$n_b - n_a$）。

例如,两个氢原子成键时,利用氢原子各提供的一个 1s 轨道,当原子的接近程度到达键距以内时,由这两个轨道相互组合,形成 σ 成键轨道和 $σ^*$ 反键轨道两个分子轨道（molecular orbital）。成键轨道因为是与相同符号的 1s 轨道并列,原子间的电子密度增加,因此由电子所带的负电荷,让带正电的两个原子核发生键合,体系总的能量下降。相反,对于反键轨道,表示电子分布的轨道函数的符号在原子核的中间发生变化,核间的电子密度变得极低。所以,核之间相互排斥,要把电子就这样填入反键轨道中,让两个核发生键合,就必须外加能量。

另外,氦原子不能形成双原子分子（He_2）。两个氦原子有四个电子,其中两个进入成键轨道,剩下的两个进入反键轨道,但是因为电子进入反键轨道,键级为 0,能量处在非常不利的状态。因此,为了维持这样的键合,必须从外部提供能量。

2.2 轨道函数的杂化

多原子分子中键的生成,可以看作是相邻原子间的定域化学键集合。虽然分子轨道理论中通过电子的离域化学键的概念是正确的,但实际上离域化程度不高,将原子间近似看作是定域的情形往往是有效的。

考虑氢化铍（BeH_2）的成键时,就如 H∶Be∶H,各原子间通过电子对相结合形成电子对成键比较容易理解。这就意味着相互结合的原子轨道,通过其重叠领域中集合的电子而成键。这个 BeH_2 的分子形状为直线型,但为了说明为什么是直线型构型,就有必要导入原子价态（valence state）和杂化（hybridization）的概念。铍原子基态的电子层结构为 $1s^2 2s^2$,电子在各轨道中已各自成对,因此为了再和其他两个原子成键,两个电子必须进入不同的轨道,它们与来自成键对象原子的电子的自旋方向必须保持相反的状态。这样的状态称为原子价态。但是仅仅如此,还是无法说明为什么铍原子和两个氢原子键合时是直线型的。为了形成直线型分子,2s 及 2p 轨道发生杂化,新生成的杂化轨道与氢原子的 1s 轨道重叠时,2s 与 2p$_z$ 杂化轨道能发生良好重叠。这样生成的杂化轨道称为 sp 杂化轨道(见图 2-1),轨道在特定方向上有一个带正号的大头,与纯粹的 2s 轨道和 2p 轨道相比较,它与氢原子的 1s 轨道的重叠部分更大。

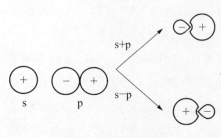

图 2-1 sp 杂化轨道

接着让我们考察硼烷(BH_3)分子。硼原子基态的电子层结构为 $1s^2 2s^2 2p$,为了形成三个键,必须取 $2s2p_x2p_y$ 的原子价态,形成的 sp^2 杂化轨道如表 2-1 所示,键角为 120°,是平面三角形构型。

表 2-1 杂化轨道函数的构型及键角

键　角	构　型	杂化轨道函数
180°	直线型(linear)	sp
120°	平面三角形型(plane triangle)	sp^2
109°28′	正四面体型(regular tetrahedron)	sp^3

关于甲烷(CH_4)中键的生成,碳原子有 6 个电子,基态的 1s 和 2s 都是满轨道,p 轨道有两个电子,电子层结构为 $1s^2 2s^2 2p^2$。1s 电子为内层电子与成键无关。该基态没有足够的电子用于成键,因此为了与 4 个氢原子各拿出的一个电子形成电子对,一个碳原子拿出 4 个电子,必须取 $2s^2 2p_x 2p_x 2p_y$ 的原子价态。结果这些轨道混合形成 sp^3 杂化轨道。这个杂化轨道与 4 个氢原子的 1s 轨道成键后,生成了甲烷分子。sp^3 杂化轨道的 4 个等价轨道指向四面体的顶点方向。两个杂化轨道之间的夹角为 109°28′,分子成正四面体构型,如图 2-2 所示。

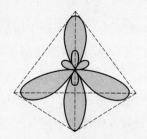

图 2-2 甲烷的 sp^3 杂化轨道

如果轨道之间重叠最大,则形成强键。s 轨道与 p 轨道形成的杂化轨道的形状是:sp 杂化轨道为直线型,sp^2 杂化轨道为平面三角形型。具有最大重叠的 s、p 轨道函数组合时的键角总结于表 2-1 中,由 s 轨道、p 轨道、d 轨道形成的杂化轨道及其形状则进一步列于表 2-2 中。

表 2-2　由 s 轨道、p 轨道、d 轨道形成的杂化轨道的构型

杂化轨道	用于杂化的轨道	构　型
sp^3d^2	s, p_x, p_y, p_z, d_{z^2}, $d_{x^2-y^2}$	八面体型(octahedron)
sp^3d	s, p_x, p_y, p_z, d_{z^2}	三角双锥型(trigonal bipyramid)
sp^2d	s, p_x, p_y, $d_{x^2-y^2}$	正方形型(square)
sd^3	s, d_{xy}, d_{yz}, d_{zx}	正四面体型(regular tetrahedron)

众所周知的碳氢化合物,乙烷(C_2H_6)、乙烯(C_2H_4)和乙炔(C_2H_2),通常认为它们的碳碳键各为单键、双键和三键。如果看一下它们的分子构型可知,乙炔为直线型,乙烯为平面型,乙烷的两个甲基围绕 C—C 键自由旋转。对于这些键,由键角可以容易理解形成乙烷、乙烯和乙炔时分别采用了 sp^3、sp^2 和 sp 杂化轨道。

很久以来,人们已知苯(C_6H_6)的分子结构为凯库勒(Kekule)式。由苯的键角为 120°可知,采用 sp^2 杂化轨道是适当的。据此可以理解 C—H,C—Cσ 键。除此以外,如图 2-3 所示,还剩下对形成 π 键有贡献的 6 个 p 轨道。可做如下理解:苯具有正六边形的结构,其中 C—C 键的键长介于乙烷的单键和乙烯的双键之间,离域的 π 键电子存在于苯的平面上下。

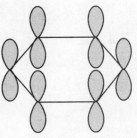

图 2-3　对苯的 π 键做出贡献的 p 轨道

2.3　分子的构型

键能与静电排斥是决定分子构型的重要因素。这里以水分子为例,氧原子的基态电子层结构为 $1s^2 2s^2 2p^4$,p 轨道的 4 个电子中,一个电子对占据

$2p_z$，如果 $2p_x$ 和 $2p_y$ 各有一个电子，则两个未成对的电子分别与氢原子拿出的一个电子成键，形成电子对，预想 H-O-H 键合的键角为 90°。但实测得到的键角较大，为 104.5°。另一方面，如果考虑氧形成 sp^3 杂化轨道，则键角应为 109°28′，虽然数值相近，但并不一致。不管怎样，这样的差异可以用静电排斥来说明。

价层电子对互斥模型（valence shell electron pair repulsion model，VSEPR）是预见分子构型的有效方法。该模型的基本要点是：中心原子周围存在的电子对，以相互的静电排斥力尽量小的倾向进行配置。表 2-3 总结了由电子对数预见的分子构型。

表 2-3 由电子对数预见的分子构型

电子对数	预见的分子构型	电子对数	预见的分子构型
2	直线型	6	正八面体型
3	正三角形型	7	单冠八面体型
4	正四面体型	8	正方反棱柱型
5	三角双锥形（tbp）	9	三冠三棱柱型

原子或分子相互太接近时，就会产生近距离排斥，当引力与斥力相称时则静止。这种情况下，既不是离子性也不是共价性。所有的引力及斥力称为范德华力（van der Waals force）。在几乎所有的分子中，这个引力及斥力的大小是一定的，所以处于凝聚相的分子间的距离没有大的变化。

第3章 固体化学

理解构成晶体的晶胞以及晶胞中原子的排列。

理解金属、半导体中电子的行为。

成为固体的能量是什么？

3.1 晶体结构

晶体即是原子或离子或分子在三维空间有规律的周期性排列的固体。所有的晶体都属于图 3-1 所示的 14 种布拉维晶格中的某一种,将构成各种晶体的最小的平行六面体称作晶胞(unit cell)。表 3-1 给出了这些晶胞的晶系。

表 3-1 晶系的种类

晶　系	晶格数	晶格记号	晶　格　常　数
立方	3	P. I. F	$a = b = c$　$\alpha = \beta = \gamma = 90°$
四方	2	P. I	$a = b \neq c$　$\alpha = \beta = \gamma = 90°$
正交	4	P. C. I. F	$a \neq b \neq c$　$\alpha = \beta = \gamma = 90°$
单斜	2	P. C	$a \neq b \neq c$　$\alpha = \gamma = 90° \neq \beta$
三斜	1	P	$a \neq b \neq c$　$\alpha \neq \beta \neq \gamma$
六方	1	P	$a = b \neq c$　$\alpha = \beta = 90°$　$\gamma = 120°$
菱方	1	R	$a = b = c$　$\alpha = \beta = \gamma < 120° \neq 90°$

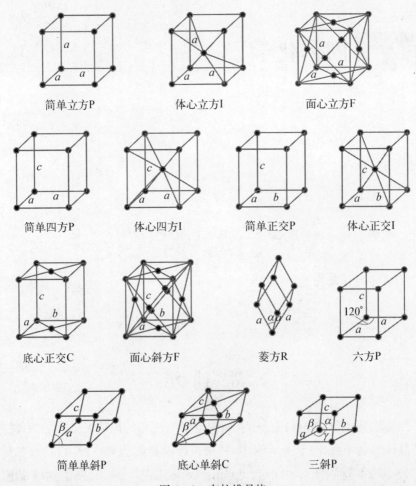

简单立方P　　　　体心立方I　　　　面心立方F

简单四方P　　体心四方I　　简单正交P　　体心正交I

底心正交C　　面心斜方F　　菱方R　　六方P

简单单斜P　　　底心单斜C　　　三斜P

图 3-1　布拉维晶格

最一般的原子的排列方式是四面体和八面体排列。原子的四面体排列(4 配位)是在由 3 个原子紧密排列形成的三角形上面另置一个原子而构成的。如果周围的原子大,则中心位置可以由小原子占据。另外,八面体排列(6 配位)是由 4 个原子排列成正方形,并在上下各放置 1 个原子而构成的。与四面体排列相比,这样的排列生成的原子间隙大,该间隙可由大的原子占据。位于配位多面体中心的原子的配位数最接近原子数。四面体为 4,八面体为 6,立方体为 8。

钋(Po)是具有简单立方结构的唯一元素。这个结构是一个原子占据晶格一角,坐标为(0,0,0)的立方晶胞。其他多数的元素,其结构属于体心立方结构(body-centered cubic,BCC),面心立方结构(face-centered cubic,FCC)或六方密堆积结构(hexagonal closest packing，HCP)。

体心立方结构是在简单立方结构的体心位置上由相同元素占据的结构。每个晶胞中有两个原子，原子坐标为(0，0，0)和(1/2，1/2，1/2)。这个结构中1个原子被8个最接近的原子所包围，原子不是最密堆积，填充率为0.680。

面心立方结构中，立方体的角和面心都由原子占据，每个晶胞中有4个原子，原子坐标为(0，0，0)，(1/2，1/2，0)，(1/2，0，1/2)，(0，1/2，1/2)。各原子被12个等距离最接近的原子所包围，原子的填充率为0.740。

面心立方结构又称立方最密堆积结构(cubic closest packing)。从(1，1，1)晶面方向看晶胞，可以清楚地看到ABCABC的重复结构。当把原子的位置取为原点时，六方最密堆积结构由原子坐标为(0，0，0)和(1/3，2/3，1/2)的两个原子构成。原子被12个最接近的原子所包围，原子的填充率为0.740。在六方最密堆积中，如果沿c轴看原子层，与立方最密堆积结构从(1，1，1)晶面方向看是一样的，只是层的重复顺序不同，为ABAB的结构。

3.2 离子晶体

许多无机固体是由离子在三维空间排列而成的。离子排列所需的能量被认为来自静电库仑吸引及排斥的能量、相邻离子外部电子云相互重叠产生的排斥能以及范德华能。晶体的晶格能(lattice energy)可定义为在0 K、常压条件下，将相距无限远的气态离子变成1 mol固体时所发生的内能变化。例如，NaCl的晶格能为0 K、常压下发生式(3-1)反应时的焓变。

$$Na^+(g) + Cl^-(g) \longrightarrow NaCl(s)$$

$$(3-1)$$

晶格能不可能直接测定，所以要利用称

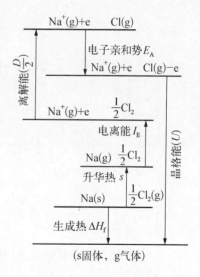

图3-2 氯化钠(NaCl)的
Born-Haber循环图

为 Born-Haber 循环(Born-Haber cycle)的热力学循环来求算。以 NaCl 为例,可通过图 3-2 所示的路径,求得实际的晶格能。

简单盐类的结晶,可以由库仑相互作用对势能项做出很好的近似表示,因此键能的计算变得比较容易。首先考虑一对正负离子的电离势能,可由式(3-2)求出。i 与 j 表示电荷分别为 Z_i 和 Z_j、相距 r_{ij} 而存在的离子。式(3-2)引入了系数 $4\pi\varepsilon_0$(1.113×10^{-10} C^{2}m^{-1}J^{-1}),电荷与能量单位分别为库仑(C)和焦耳(J)。

$$U = \frac{(Z_i\text{e})(Z_j\text{e})}{4\pi\varepsilon_0 r_{ij}} \tag{3-2}$$

然后,考虑离子晶体中所有离子间静电相互作用。一个阳离子与晶体中所有离子的相互作用势能可由下式表示:

$$U_P = \frac{Z_P\text{e}}{4\pi\varepsilon_0} - \sum_i \frac{Z_i\text{e}}{r_i^P} \tag{3-3}$$

其中,从基准离子至第 i 个离子的距离用无量纲的比值 $R_i^P = r_i^P/r$ 表示。r.为晶体中阳离子与阴离子的最短距离。将 R_i^P 代入式(3-3)后整理得式(3-4):

$$U_P = \frac{Z_P\text{e}}{4\pi\varepsilon_0 r} - \sum_i \frac{Z_i\text{e}}{r_i^P/r} = \frac{Z_P\text{e}^2}{4\pi\varepsilon_0 r} \sum_i \frac{Z_i}{R_i^P} \tag{3-4}$$

进一步引入阴离子电荷 Z_e,即得式(3-5):

$$U_P = \frac{Z_P Z_e \text{e}^2}{4\pi\varepsilon_0 r} \sum_i \frac{Z_i/Z_e}{R_i^P} \tag{3-5}$$

同样,晶体中的某 1 个阴离子与其他阴离子以及阳离子相互作用所产生的势能可由式(3-6)表示:

$$U_e = \frac{Z_P Z_e \text{e}^2}{4\pi\varepsilon_0 r} \sum_i \frac{Z_i/Z_P}{R_i^e} \tag{3-6}$$

一般而言,晶体中阳离子与阴离子的周围是不同的。式(3-6)的总和与式(3-5)的总和是不同的,但是这里为了方便起见,认为 N 个阳离子与 N 个阴离子形成的晶体的库仑能如式(3-7)所示:

$$U_c = \frac{1}{2} N(U_P + U_e) \tag{3-7}$$

系数 1/2 是为了避免重复计算离子间的相互作用。

综上所述,离子晶体中由静电相互作用而形成的势能由下式表示:

$$U_c = \frac{N Z_P Z_e \mathrm{e}^2}{4 \pi \varepsilon_0 r} \left[\frac{1}{2} \sum_i \left(\frac{Z_i / Z_e}{R_i^P} + \frac{Z_i / Z_P}{R_i^e} \right) \right] \tag{3-8}$$

[ ]内的项只是由晶体中离子的空间排列和离子的电荷决定,就是所谓的马德隆(Madelung)常数(M)。表 3 - 2 中列出了几个晶体中的马德隆常数。

$$U_c = \frac{N Z_P Z_e \mathrm{e}^2}{4 \pi \varepsilon_0 r} M \tag{3-9}$$

表 3 - 2 几个晶体中的马德隆常数

结　　构	化学组成	马德隆常数
岩　盐	AB	1.747 6
氯化铯	AB	1.762 7
闪锌矿	AB	1.638 0
纤锌矿	AB	1.641 32
萤　石	AB_2	2.519 4

接下来考虑相距很近的离子间所引起的排斥。

用指数函数表示排斥势能项。如果 r 为最接近的离子间的距离,ρ 为可由晶体的压缩率求得的表示晶体硬度的常数,那么全排斥势能项为所有最接近离子间的排斥势能之和,可用式(3 - 10)表示。式中的 A 为经验常数。

$$U_r = A\mathrm{e}^{-r/\rho} \tag{3-10}$$

因此,简单 $A^+ B^-$ 离子晶体的势能表达式可写成式(3 - 11):

$$U_t = \frac{N \mathrm{e}^2}{4 \pi \varepsilon_0 r} M + A\mathrm{e}^{-r/\rho} \tag{3-11}$$

为了进一步计算,假定 ρ 的值为 0.3×10^{-10} m,利用平衡离子间距内 $\mathrm{d}U / \mathrm{d}r = 0$ 的条件可消去未知数 A,得到式(3 - 12)。

$$\frac{dU}{dr} = \frac{Ne^2 M}{4\pi\varepsilon_0 r^2} - \frac{A}{\rho} e^{-r/\rho} \tag{3-12}$$

在平衡距离 r_0 时,上式的值为 0。A 可由下式表示:

$$A = \frac{NMe^2 \rho e^{r_0/\rho}}{4\pi\varepsilon_0 r_0^2} \tag{3-13}$$

将上式结果代入式(3-11),即得式(3-14):

$$U_t = \frac{NMe^2}{4\pi\varepsilon_0 r_0} \left(\frac{r_0}{r} - \frac{\rho}{r_0} e^{(r_0-r)/\rho} \right) \tag{3-14}$$

晶体取平衡结构时,就是 $r = r_0$ 时的势能,是由 1 mol 晶体成为自由离子所需的能量(即晶格能)的负值,因此可由下式表示:

$$\Delta E = \frac{NMe^2}{4\pi\varepsilon_0 r_0} \left(1 - \frac{\rho}{r_0} \right) \quad \Delta H = \frac{NMe^2}{4\pi\varepsilon_0 r_0} \left(1 - \frac{\rho}{r_0} \right) + 2RT \tag{3-15}$$

另一方面,如 1.6 节所述,鲍林利用电负性这一尺度,总结出了推测键合方式的半经验公式。电负性可以方便地作为一个尺度,来衡量在化学键合的原子间的离子键、共价键的程度以及酸碱度。

一般而言,化合价越高,离子键的强度越强。本质上离子键是由没有方向性的库仑力形成的,因此在离子性化合物的稳定结构中,离子间采用与尽可能多的带异号电荷离子接近的配位方法,即采取具有最大配位数的结构,图 3-3 表示了 A-B 键的离子键程度随原子的电负性之差 $|\chi_A - \chi_B|$ 的变化。

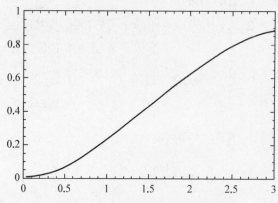

图 3-3 A-B 键的离子键程度随原子的
电负性之差 $|\chi_A - \chi_B|$ 的变化

X 轴:电负性之差 $|\chi_A - \chi_B|$;Y 轴:离子键的比率

如图 3-3 所示,电负性之差较大的原子间,其离子结合性变大。另一方面,电负性相等的原子之间,共价结合变大。考虑构成某个晶体的原子间的结合时,如果原子间的离子结合与共价结合的程度不同,则原子间的结合性发生变化,因而可以认为该晶体的结构发生变化。据此,电负性作为互相结合的原子间结合性的尺度,是理解晶体呈什么结构的重要指标。

离子结合性大的晶体结构,由它采取的让阴阳两离子静电引力最大、而静电斥力最小的填充方式决定的。也就是说,"阳离子与阴离子的相对大小的几何学要素"和"离子间的静电稳定性"是决定离子晶体结构的根本。鲍林规则常用于说明稳定并具有最低能量的离子晶体结构。该规则成为考察晶体结构时的指南。鲍林规则如下:

第一规则:在离子晶体中,由阴离子形成密堆积结构,阳离子填充在阴离子形成的空隙中。即离子晶体中正离子周围的负离子,取顶点位置连接成配位多面体形成晶体。阴阳离子间隔为离子半径之和,阳离子周围的阴离子数为配位数,取决于两个离子的半径。处于中心的阳离子,当周围阴离子的半径变大,超过某个临界值时就不能保持稳定的配位。因此,当阳离子与阴离子的半径比超过某个临界值的情况下,配位数就定下来了,配位数最大时,结构最稳定。

第二规则:晶体内部必须保持局部电中性。

第三规则:配位多面体的连接方式以共用顶点为最稳定,共用棱、共用面依次会降低其稳定性。这意味着降低靠近阴离子的阳离子之间的静电排斥,使其变得稳定。

第四规则:含有不同阳离子的晶体,化合价高、配位数低的阳离子的配位多面体之间,几乎不发生共棱、共面或共顶。

第五规则:比起复杂的结构,更容易采取单纯的结构。

表 3-3 列出了由阳离子半径(R_c)与阳离子周围的阴离子半径(R_a)之比决定的稳定配位数、配位结构以及与该结构相应的临界半径比(R_c/R_a)。

表 3-3　阳离子周围的配位数的变化

配 位 数	阳离子周围的阴离子的配置	与稳定配位数相应的临界半径比(R_c/R_a)
8	立方体的顶点	≥0.732
6	正八面体的顶点	≥0.414
4	正四面体的顶点	≥0.225
3	三角形的顶点	≥0.155
2	直线上	≥0

另外,关于主要的离子晶体结构的阴离子填充方式与阳离子的位置总结在表 3-4 中。

表 3-4　主要的离子晶体结构的阴离子填充方式与阳离子的位置

结 构 名 称	阴离子的填充方式	阳离子的位置
岩盐结构($NaCl$)	立方密堆积	八面体位置的全部
纤锌矿结构(六方晶体 ZnS)	六方密堆积	四面体位置的 1/2
闪锌矿结构(立方晶体 ZnS)	立方密堆积	四面体位置的 1/2
尖晶石结构($MgAl_2O_4$)	立方密堆积	四面体位置的 1/8(Mg)
金刚砂结构($\alpha - Al_2O_3$)	六方密堆积	八面体位置的 2/3
金红石结构(TiO_2)	扭曲立方密堆积	八面体位置的一半
氯化铯结构($CsCl$)	简单立方	立方体位置的全部
萤石结构(CaF_2)	简单立方	立方体位置的 1/2
钙钛矿结构($BaTiO_3$)	立方密堆积	八面体位置的 1/4(Ti)
钛铁矿结构($FeTiO_3$)	六方密堆积	八面体位置的 2/3(Fe, Ti)

3.3　金属和半导体

金属(metal)与半导体(semiconductor)或与绝缘体(insulator)在本质上是不同的,金属中存在的固体内搬运电荷的电子等载体(carrier)的数量和原子数差不多相同,为 $10^{22} \sim 10^{23}$ 个/cm^3。而在半导体、绝缘体中,该载体的数量显著减少,加热时发生热激发,担当传导的电子数随之增加。电导率在 $10^{-8} < \sigma < 10^3/\Omega cm$ 范围内的物质称为半导体,低于该数值的为绝缘体,而高于该数值的则称为良导体(conductor)。金属与半导体导电性的显著差别就在于随着温度升高,前者的电阻率上升,而后者则下降。绝缘体的电阻率具有更负的温度系数。

为了认识固体中电子的行为,有必要了解固体内电子的能级。金属有非常多的固定原子,其中的电子间的作用,形成了扩展到整个金属的连续能带。

图 3-4 为金属钠的能级模式图。假定每立方厘米的原子个数为 N。因为钠的电子构型为 $1s^2 2s^2 2p^6 3s^1$,所以 2p 以下的能带都被电子占有。3s 与 3p

构成的能带中,如果把电子自旋也加以考虑的话,最多可以填入 $2(N+3N)$ 个电子,但钠只有 N 个电子,故该能带中只有能量低的领域被电子所占满。据此,该能带更具有 3s 的特性。

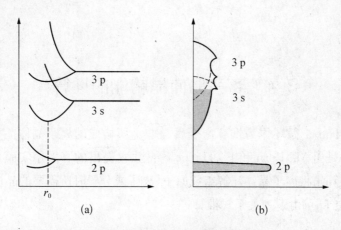

图 3-4　金属钠的能级模式图

(a) X 轴:原子间隔 r, Y 轴:电子轨道的能量;(b) X 轴:状态密度,Y 轴:电子轨道的能量

从电子的能量允许状态形成的能带的形态,可以明确区分金属、半导体和绝缘体。图 3-5 给出了它们的能带结构模式图。

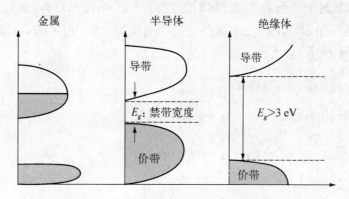

图 3-5　金属、半导体、绝缘体的能带结构

X 轴:状态密度;Y 轴:能量

相对于金属的能带中只有一半有电子,半导体和绝缘体的电子正好充满某个能带的上端。该充满电子的能带的最上端部分称为价带(valence band),处于价带之上、未有电子填充的能带称为导带(conduction band)。具有价带

与导带之间能量的电子状态是不存在的,这一间隔区的能量带称为禁带(forbidden band),其能量差称为禁带宽度(band gap(E_g))。禁带宽度在 $0\sim$ 3 ev左右的物质为半导体。只有将处于价带的电子激发到导带,电子传导才可能发生。

3.4　离子晶体晶格能的推算

Born-Haber 循环作为推算由金属与非金属构成的离子晶体晶格能的方法,该循环是由 M. Born 和 F. Haber 各自独立提出的。采用实验可测的能量,就可以算出将离子晶体瓦解组成原子、离子或分子时所需要的晶格能。

晶格能 U 可由下列关系式推算:

$$U = S + \frac{1}{2}D + I_E - E_A + \Delta H_f$$

式中,U 为晶格能,S 为升华热,D 为解离能,I_E 为电离能,E_A 为电子亲和能,ΔH_f 为生成焓变(生成热: $-\Delta H_f$)。

例如,如图 3-2 所示,根据 NaCl 的 S 为 107 kJ·mol^{-1},D 为 238 kJ·mol^{-1},I_E 为 488 kJ·mol^{-1},E_A 为 361 kJ·mol^{-1},ΔH_f 为 -405 kJ·mol^{-1},可推算出它的晶格能 U 为 758 kJ·mol^{-1}。

第4章 溶液化学

理解溶液中的离子解离平衡。

决定水溶液的酸碱性的因素是什么？

什么决定过渡金属配合物磁性？

4.1 溶 剂

溶液(solution)是指两种以上物质所均匀混合的液体。其中含量大的成分称为溶剂(solvent)，溶解于溶剂中的成分称为溶质(solute)。水是最为常用的溶剂。在常温下水呈液体，但其熔点及沸点均比其他氧族元素(S、Se、Te)的氢化物(H_2S、H_2Se、H_2Te)高。水在4℃时具有最大的密度及比热等特性，这可归因于水分子的结构中所包含的氢键。如图 4-1 所示，水分子结构呈折线型，$\angle HOH = 104.5°$，$OH = 96\ pm$。氧原子和氢原子的电负性差异产生了水分子的极性，其偶极矩大小为 $6.2 \times 10^{-30}\ cm$。虽然水分子的键由氧原子的 sp^3 杂化轨道和氢原子的 1s 轨道重叠形成，但是由于氧原子的 4 个 sp^3 杂化轨道中有两个是由孤对电子占据，因此所产生的斥力导致水分子的原子间角小于 $109°28'$。

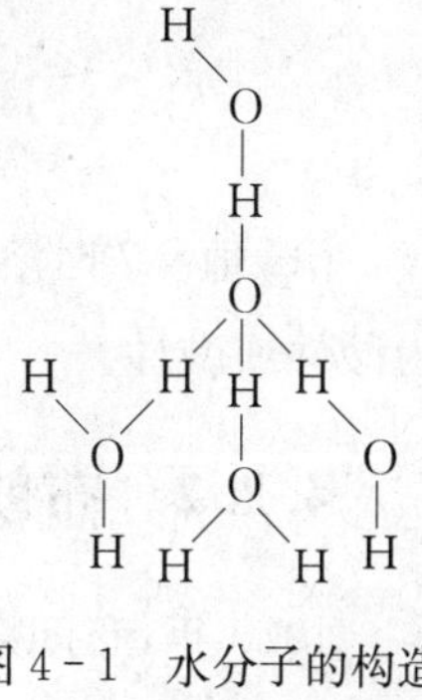

图 4-1 水分子的构造

4.2 酸碱的定义

4.2.1 阿伦尼乌斯的理论

虽然自古以来人们就能通过酸味以及石蕊试纸等来识别酸,但是直至 1884 年,才由阿伦尼乌斯(S. Arrhenius)给出了酸碱的定义:在水溶液中通过电离产生氢离子的物质为酸,产生氢氧根离子的物质为碱。同时他还发表了如式(4-1)所示的电离理论,提出了水分子的离子化形式。

$$H_2O + H_2O \Longleftrightarrow H_3O^+ + OH^- \tag{4-1}$$

正如该式所表示的,水能够自我解离,产生水合氢离子 H_3O^+ 及氢氧根离子。该解离反应的平衡常数可以表示为式(4-2):

$$K = \frac{[H_3O^+][OH^-]}{[H_2O]^2} \tag{4-2}$$

由于水大量存在,$[H_2O]$ 可以认为定量,因此式(4-2)可以改写为式(4-3)。K_w 被称为水的离子积(ionic product)。

$$K_w = [H_3O^+][OH^-] = 10^{-14}\,(mol^2 L^{-2}) \tag{4-3}$$

由于在 25℃ 的纯水中,$[H_3O^+] = [OH^-] = 10^{-7}\,mol \cdot L^{-1}$,因此当 $[H_3O^+] > 10^{-7}\,mol \cdot L^{-1}$ 时表现为酸性,当 $[H_3O^+] < 10^{-7}\,mol \cdot L^{-1}$ 时表现为碱性。如式(4-4)所示,pH 值被用作衡量酸度的尺度。

$$pH = \log\left(\frac{1}{[H_3O^+]}\right) \quad 或 \quad -\log[H_3O^+] \tag{4-4}$$

pH 值=7 时溶液为中性,当 pH 值<7 或 pH 值>7 时,则溶液分别显示为酸性或碱性。

4.2.2 布朗斯特-劳里的理论

1923 年,布朗斯特(J. N. Bronsted)和劳里(T. M. Lowry)通过质子(氢离子)的授受,定义了酸与碱。即凡是能够释放质子的供体为酸;相反,凡是能

够接受质子的受体为碱。该理论可以应用于在质子溶剂体系内的所有酸和碱。所有的酸具有如式(4-5)所示的共轭碱:

$$A \Longleftrightarrow B^- + H^+ \tag{4-5}$$

$$\text{酸} \qquad \text{共轭碱}$$

但是,由酸所释放出的质子,必须由存在的碱接受。起到该作用的就是溶剂。例如,将酸 HA 溶解于水后,即可形成式(4-6)所示的平衡:

$$HA + H_2O \Longleftrightarrow H_3O^+ + A^- \tag{4-6}$$

$$\text{酸(1)} \quad \text{碱(2)} \qquad \text{酸(2)} \quad \text{碱(1)}$$

HA 将质子给予水,即为酸,水接受质子,即为碱。然而,在逆反应中,H_3O^+ 是给予质子的酸,而 A^- 则成为接受质子的碱。酸(1)(HA)与碱(1)(A^-)以及酸(2)(H_3O^+)与碱(2)(H_2O)分别称为共轭(conjugate)酸碱对。

碱 B 溶解于水时的平衡如式(4-7)所示:

$$B + H_2O \Longleftrightarrow BH^+ + OH^- \tag{4-7}$$

$$\text{碱(1)} \quad \text{酸(2)} \qquad \text{酸(1)} \quad \text{碱(2)}$$

由上述两例可以看出,根据不同的搭配,水既可以成为酸,也能成为碱。酸与碱的强弱可以根据式(4-5)进行判断。强酸会使反应趋向于向右发生,即表明在逆反应中,共轭碱接受质子的能力较弱。由此可知,强酸的共轭碱为弱碱。一般而言,强酸的共轭碱为弱碱,强碱的共轭酸为弱酸。讨论水溶液中酸与碱,布朗斯特-劳里的定义已经足够用了。

4.2.3 路易斯的理论

1923 年,路易斯(G. N. Lewis)更为广义地定义了酸与碱。他提出:"酸是接受电子对的物质,碱是提供电子对的物质。"例如式(4-8),其中 BF_3 即为路易斯酸。

$$NH_3 + BF_3 \longrightarrow H_3N : BF_3 \tag{4-8}$$

4.3　离 子 平 衡

4.3.1　弱电解质的电离平衡

弱酸 HA 在水溶液中发生如式(4-9)所示的电离平衡：

$$HA + H_2O \rightleftharpoons H_3O^+ + A^- \qquad (4-9)$$

在此,设[HA],[H$^+$]以及[A$^-$]为在平衡状态中共存的非解离分子 HA、H$^+$和 A$^-$的浓度(mol·L^{-1}),如视水的浓度[H$_2$O]为一定,则其平衡常数(K_a)可表示为式(4-10)：

$$K_a = \frac{[H_3O^+][A^-]}{[HA]} \qquad (4-10)$$

以醋酸(CH$_3$COOH)为例。醋酸的电离平衡可以用式(4-11)表示,如设醋酸浓度为 C(mol·L^{-1}),电离度为 α,并视水的浓度[H$_2$O]为一定,平衡常数(K_a)可表示为式(4-12)。

$$\underset{C(1-\alpha)}{CH_3COOH} + H_2O \rightleftharpoons \underset{C\alpha}{CH_3COO^-} + \underset{C\alpha}{H_3O^+} \qquad (4-11)$$

$$K_a = \frac{[H_3O^+][CH_3COO^-]}{[CH_3COOH]} = \frac{C\alpha^2}{(1-\alpha)} \qquad (4-12)$$

在此,K_a 为酸的电离常数,当电离度足够小时 $1-\alpha \fallingdotseq 1$,因此,式(4-12)可以表示为式(4-13)。

$$\alpha = \left(\frac{K_a}{C}\right)^{1/2} \qquad (4-13)$$

由此可以得出：

$$[H_3O^+] = [CH_3COO^-] = C\alpha = (K_aC)^{1/2} \qquad (4-14)$$

根据上式,弱酸水溶液的[H$_3$O$^+$]可以通过弱酸的浓度以及电离常数计算得出。将式(4-14)以 pH 形式表示即可得式(4-15)：

$$\mathrm{pH} = \frac{1}{2}(\mathrm{p}K_\mathrm{a} - \lg C) \tag{4-15}$$

其中，$\mathrm{p}K_\mathrm{a} = -\lg K_\mathrm{a}$，故 $\mathrm{p}K_\mathrm{a}$ 越小，酸性越强。

同样，以弱碱 B 为例，设其浓度为 $C(\mathrm{mol \cdot L^{-1}})$，解离度为 α，即可得出如式(4-16)所示的解离。当水的浓度 $[\mathrm{H_2O}]$ 为一定时，平衡常数 (K_b) 可表示为式(4-17)：

$$\underset{C(1-\alpha)}{\mathrm{B}} + \mathrm{H_2O} \Longleftrightarrow \mathrm{BH^+} + \underset{C\alpha}{\mathrm{OH^-}} \tag{4-16}$$

$$K_\mathrm{b} = \frac{[\mathrm{BH^+}][\mathrm{OH^-}]}{[\mathrm{B}]} = \frac{C\alpha^2}{(1-\alpha)} \tag{4-17}$$

在此，K_b 被称为碱电离常数。

与处理弱酸的情形同样，也可得出相应的式(4-18)～式(4-20)。

$$[\mathrm{OH^-}] = C\alpha = (K_\mathrm{b}C)^{1/2} \tag{4-18}$$

$$[\mathrm{H_3O^+}] = \frac{K_\mathrm{w}}{[\mathrm{OH^-}]} = \frac{K_\mathrm{w}}{(K_\mathrm{b}C)^{1/2}} \tag{4-19}$$

$$\mathrm{pH} = \mathrm{p}K_\mathrm{w} - \frac{1}{2}(\mathrm{p}K_\mathrm{b} - \lg C) \tag{4-20}$$

其中，$\mathrm{p}K_\mathrm{w} = -\lg K_\mathrm{w}$，$\mathrm{p}K_\mathrm{b} = -\lg K_\mathrm{b}$，$\mathrm{p}K_\mathrm{b}$ 越小，碱性越强。

共轭酸碱对的 $\mathrm{p}K_\mathrm{a}$ 与 $\mathrm{p}K_\mathrm{b}$ 的关系可以通过式(4-21)所示的弱酸 HA 及其共轭碱的电离平衡进行计算：

$$\mathrm{HA} + \mathrm{H_2O} \Longleftrightarrow \mathrm{H_3O^+} + \mathrm{A^-} \tag{4-21}$$

在此，如果酸 HA 的酸电离常数为 K_a，碱 $\mathrm{A^-}$ 的碱电离常数为 K_b，则关系式(4-22)成立：

$$K_\mathrm{a} = \frac{[\mathrm{H_3O^+}][\mathrm{A^-}]}{[\mathrm{HA}]} = \frac{[\mathrm{H_3O^+}][\mathrm{A^-}][\mathrm{OH^-}]}{[\mathrm{HA}][\mathrm{OH^-}]} = \frac{K_\mathrm{w}}{K_\mathrm{b}} \tag{4-22}$$

所以 $\qquad K_\mathrm{w} = K_\mathrm{a} \cdot K_\mathrm{b}$，$\mathrm{p}K_\mathrm{w} = \mathrm{p}K_\mathrm{a} + \mathrm{p}K_\mathrm{b}$

4.3.2 盐的水解

如氯化钠(NaCl)等由强酸和强碱中和生成的盐的水溶液呈中性。所谓强酸或强碱在水溶液中完全电离,是指由强酸或强碱电离的离子,几乎不和水的氢离子(H^+)或氢氧根离子(OH^-)结合。因此水的电离平衡几乎不受影响,水溶液呈中性。

但是如醋酸钠(CH_3COONa)等由弱酸和强碱生成的盐的水溶液呈碱性,如氯化铵(NH_4Cl)等由强酸和弱碱生成的盐的水溶液呈酸性。引起该现象的原因是盐的水解(hydrolysis)。

(1) 弱酸和强碱生成的盐。以醋酸钠(CH_3COONa)为例。该盐可以如式(4-23)所示完全电离。因为电离时所产生的 CH_3COO^- 是弱酸 CH_3COOH 的共轭碱,故为强碱,如式(4-24)所示。它能从水分子中夺取质子,使溶液呈碱性。

$$CH_3COONa \longrightarrow CH_3COO^- + Na^+ \tag{4-23}$$

$$\underset{C(1-x)}{CH_3COO^-} + H_2O \rightleftharpoons \underset{Cx}{CH_3COOH} + \underset{Cx}{OH^-} \tag{4-24}$$

$$K_h = \frac{[CH_3COO^-][OH^-]}{[CH_3COOH]}$$

$$= \frac{[CH_3COOH][OH^-][H^+]}{[CH_3COOH][H^+]} = \frac{K_w}{K_a} \tag{4-25}$$

式(4-25)中所示 K_h 称为水解常数。K_a 是 CH_3COOH 的电离常数。

设 CH_3COOH 的初始浓度为 $C(mol \cdot L^{-1})$,水解度为 x,根据式(4-24)、式(4-25)即可得出

$$K_h = \frac{Cx^2}{(1-x)} \tag{4-26}$$

当 $x \ll 1$ 时,则

$$x \doteqdot \left(\frac{K_h}{C}\right)^{1/2} = \left(\frac{K_w}{K_aC}\right)^{1/2} \tag{4-27}$$

$$[H^+] = \frac{K_w}{[OH^-]} = \frac{K_w}{Cx} \doteqdot \left(\frac{K_aK_w}{C}\right)^{1/2} \tag{4-28}$$

所以

$$pH = \frac{1}{2}(pK_w + pK_a + \lg C) \tag{4-29}$$

根据式(4-27)可知,当盐的总浓度或弱酸的 K_a 越小时,水解反应进行得越彻底。

(2) 强酸和弱碱生成的盐。以氯化铵(NH_4Cl)为例。该盐可以如式(4-30)所示完全电离。因为电离时所产生的 NH_4^+ 是弱碱 NH_3 的共轭酸,故为强酸,如式(4-31)所示,它能够给予水分子质子,使溶液呈酸性。

$$NH_4Cl \longrightarrow NH_4^+ + Cl^- \tag{4-30}$$

$$\underset{C(1-x)}{NH_4^+} + H_2O \Longleftrightarrow \underset{Cx}{H_3O^+} + \underset{Cx}{NH_3} \tag{4-31}$$

$$K_h = \frac{[H_3O^+][NH_3]}{[NH_4^+]}$$

$$= \frac{[H_3O^+][NH_3][OH^-]}{[NH_4^+][OH^-]} = \frac{K_w}{K_b} \tag{4-32}$$

上述 K_b 为 NH_3 的电离常数。设 NH_4Cl 的起始浓度为 $C(mol \cdot L^{-1})$,水解度为 x,可得

$$K_h = \frac{Cx^2}{(1-x)} \tag{4-33}$$

当 $x \ll 1$ 时,则

$$x \fallingdotseq \left(\frac{K_w}{K_b C}\right)^{1/2} \tag{4-34}$$

$$[H^+] = Cx \fallingdotseq \left(\frac{K_w C}{K_b}\right)^{1/2} \tag{4-35}$$

所以

$$pH = \frac{1}{2}(pK_w - pK_b - \lg C) \tag{4-36}$$

根据式(4-35)可知,当盐的总浓度或弱碱的 K_b 越小时,水解反应进行得越彻底。

(3) 弱酸和弱碱生成的盐。以醋酸铵(CH_3COONH_4)为例。通过电离所产生的 CH_3COO^- 和 NH_4^+,分别同时发生如式(4-24)及式(4-31)所示的平衡反应,因此水解反应如式(4-37)所示。

$$CH_3COO^- + NH_4^+ \Longleftrightarrow CH_3COOH + NH_3 \tag{4-37}$$

$$K_h = \frac{[CH_3COOH][NH_3]}{[CH_3COO^-][NH_4^+]} = \frac{K_w}{K_a K_b} \tag{4-38}$$

设盐的总浓度为 $C(mol \cdot L^{-1})$，水解度为 x，可得出

$$[CH_3COOH] = [NH_3] = Cx \tag{4-39}$$

$$[CH_3COO^-] = [NH_4^+] = C(1-x) \tag{4-40}$$

当 $x \ll 1$ 时，则

$$x \fallingdotseq (K_h)^{1/2} = \left(\frac{K_w}{K_a K_b}\right)^{1/2} \tag{4-41}$$

$$[H^+] = K_a \frac{[CH_3COOH]}{[CH_3COO^-]} \fallingdotseq (K_a x)^{1/2} = \left(\frac{K_a K_w}{K_b}\right)^{1/2} \tag{4-42}$$

所以

$$pH = \frac{1}{2}(pK_w + pK_a - pK_b) \tag{4-43}$$

根据上式可知，当 $K_a \fallingdotseq K_b$ 时，水溶液基本呈中性；当 $K_a > K_b$ 时，水溶液呈酸性；当 $K_a < K_b$ 时，水溶液呈碱性。

4.3.3 缓冲溶液

以在醋酸中加入强电解质醋酸钠为例，由于醋酸钠能够完全电离，在式(4-44)中处于平衡状态的 CH_3COO^- 浓度会显著增大，故其中一部分会与溶液中的 H^+ 结合成为 CH_3COOH 分子，最终导致添加醋酸钠后，溶液中的 H^+ 浓度会显著降低。

$$CH_3COOH \rightleftharpoons CH_3COO^- + H^+ \tag{4-44}$$

对应于这样新形成的平衡状态，关系式(4-45)成立。

$$K_a = \frac{[CH_3COO^-][H^+]}{[CH_3COOH]}$$

所以

$$[H^+] = K_a \frac{[CH_3COOH]}{[CH_3COO^-]} \tag{4-45}$$

在该平衡溶液中，仅少量电离的醋酸与完全电离的醋酸钠共同存在。在此，可认为 $[CH_3COOH]$ 等同于醋酸的总浓度 C_a，$[CH_3COO^-]$ 等同于醋酸钠的总浓度 C_s。由此可推出式(4-46)所示关系式：

$$[H^+] = \frac{K_a C_a}{C_s}$$

所以
$$pH = pK_a + \lg \frac{C_s}{C_a} \qquad (4-46)$$

由于存在如式(4-47)、式(4-48)所示的反应,所以即使在上述溶液中添加少量的酸或碱,溶液的 pH 值也几乎不会发生变化。

$$CH_3COO^- + H^+ \longrightarrow CH_3COOH \qquad (4-47)$$

$$CH_3COOH + OH^- \longrightarrow CH_3COO^- + H_2O \qquad (4-48)$$

像这样即使添加酸或碱,也能减小溶液 pH 值变化的作用称为缓冲作用(buffer action),具有这样作用的溶液被称为缓冲溶液。

另外,由弱碱和相应的盐所组成的溶液,例如氨和氯化铵的混合溶液也同样具有缓冲作用。此时,溶液中达成如式(4-49)所示的平衡。

$$NH_3 + H_2O \Longleftrightarrow NH_4^+ + OH^- \qquad (4-49)$$

在此,如果[NH_3]为氨的总浓度 C_b,而[NH_4^+]为氯化铵的总浓度 C_s,即可推出如式(4-50)所示的关系式:

$$K_b = \frac{[NH_4^+][OH^-]}{[NH_3]}$$

$$[OH^-] = \frac{K_b[NH_3]}{[NH_4^+]} = \frac{K_b C_b}{C_s}$$

$$[H^+] = \frac{K_w C_s}{K_b C_b}$$

所以
$$pH = pK_w - pK_b - \lg \frac{C_s}{C_b} \qquad (4-50)$$

溶液的缓冲能力在 C_s/C_a 或 C_s/C_b 等于 1 时最大。

4.3.4　溶度积

例如将难溶性盐氯化银(AgCl)与水混合,氯化银可以少量溶解于水中形成饱和溶液。当这样的难溶性固体与其饱和溶液接触时,存在如式(4-51)所示的不均一化学平衡:

$$AgCl(s) \Longleftrightarrow Ag^+ + Cl^- \tag{4-51}$$

当该平衡成立时,如式(4-52)所示,溶液中的阴阳离子浓度之积(K)在一定温度下为定值,该 K 值被称为溶度积。

$$K = [Ag^+][Cl^-] \tag{4-52}$$

当溶液中难溶盐与其他电解质平衡共存时,溶解积也不会发生变化。如在与 AgCl 固体共存的饱和溶液中加入 HCl,溶液中的 Cl^- 会增加,因此它将与一开始微量溶解的 Ag^+ 结合并沉淀。

如上所述,当在溶液中加入过量组成难溶盐的阴离子或阳离子时,难溶盐的溶解度会显著下降。该现象被称为同离子效应,可应用于利用沉淀的化学反应。即当希望使溶液中的某类离子沉淀时,就在溶液中稍过量地加入可含生成该沉淀所需要的另一半对应离子的物质,这样就可以使目标离子尽可能完全沉淀。在洗净沉淀时,也可以利用含有共同离子的溶液,从而防止由沉淀溶解所产生的损失。

但是,即使存在共同离子,在一些体系中,因为形成络合离子,也有溶解度反而增大的情形,因此需要引起注意。在生成难溶盐时,同离子效应只有在添加量稍稍超过当量点时才显现,过量添加也不会使该效应变得更强。

4.4 HSAB

HSAB 是指硬酸碱和软酸碱(hard and soft acids and bases)的概念,即所谓的软硬酸碱理论。

根据路易斯的定义,对于金属配合物,金属离子是能够接受电子的路易斯酸,配体是可以提供电子的路易斯碱。1958 年,阿兰德(S. Ahrland)、查特(J. Chatt)以及戴维斯(N. Davies)把金属分为两类,一类与卤族非金属的亲和力大小为 F>Cl>Br>I,另一类相反,为 F<Cl<Br<I。前一类对应皮尔逊(R. G. Pearson)所提出的硬酸,后一类则对应软酸。表 4-1 总结了硬酸及软酸的分类,表 4-2 总结了硬碱及软碱的分类。

硬酸碱以及软酸碱之间具有亲和力。卤化物离子中碘化物离子最软,氟化物离子是最硬的碱。

下面对以上规律进行了总结。

表 4 - 1　硬酸及软酸的分类

硬酸

H^+, Li^+, Na^+, K^+, Be^{2+}, Mg^{2+}, Ca^{2+}, Sr^{2+}, Mn^{2+}, Al^{3+}, Sc^{3+}, Ga^{3+}, In^{3+}, La^{3+}, $N(Ⅲ)$, $Cl(Ⅲ)$, Gd^{3+}, Lu^{3+}, Cr^{3+}, Co^{3+}, Fe^{3+}, $As(Ⅲ)$, CH_3Sn^{3+}, $Si(Ⅳ)$, Ti^{4+}, Zr^{4+}, Th^{4+}, U^{4+}, Ru^{4+}, Ce^{3+}, Hi^{4+}, WO^{4+}, Sn^{4+}, UO_2^{2+}, $(CH_3)_2Sn^{2+}$, VO^{2+}, MoO^{3+}, $Be(CH_3)_2$, BF_3, $B(OR)_3$, $Al(CH_3)_3$, $AlCl_3$, AlH_3, RPO_2^+, $ROPO_2^+$, RSO_2^+, $ROSO_2^+$, SO_3, $I(Ⅶ)$, $I(Ⅴ)$, $Cl(Ⅷ)$, $Cr(Ⅵ)$, RCO^+, CO_2, NC^+, HX(以氢键结合的化合物)

软酸

Cu^{2+}, Ag^+, Au^+, Tl^+, Hg^+, Pd^{2+}, Cd^{2+}, Pt^{2+}, Hg^{2+}, CH_3Hg^+, $Co(CN)_5^{2-}$, Pt^{4+}, $Te(Ⅳ)$, Tl^{3+}, $Tl(CH_3)_3$, BH_3, $Ga(CH_3)_3$, $GaCl_3$, GaI_3, $InCl_3$, RS^+, RSe^+, RTe^+, I^+, Br^+, HO^+, RO^+, I_2, Br_2, ICN, $C_6H_3(NO_2)_3$(三硝基苯), $C_6Cl_4O_2$(四氯苯醌), C_6O_2(醌), $(CN_2)_2CH_2CH_2(CN)_2$, O, Cl, Br, I, N, M(金属原子), CH_2(卡宾)

处于中间的

Fe^{2+}, Co^{2+}, Ni^{2+}, Cu^{2+}, Zn^{2+}, Pb^{2+}, Sn^{2+}, Sb^{3+}, Bi^{3+}, Rh^{3+}, Ir^{3+}, $B(CH_3)_3$, SO_2, NO^+, Ru^{2+}, Os^{2+}, R_3C^+, $C_6H_5^+$, GaH_3

注：R 指烷基或烯丙基

硬酸：

$N \gg P > As > Sb$

$O \gg S > Se > Te$

$F > Cl > Br > I$

软酸：

$N \ll P > As > Sb$

$O \ll S$, Se, Te

$F < Cl < Br < I$

表 4 - 2 分类总结了硬碱及软碱。

表 4 - 2　硬碱以及软碱的分类

硬碱

H_2O, OH^-, F^-, CH_3COO^-, PO_4^{3-}, SO_4^{2-}, Cl^-, CO_3^{2-}, ClO_4^-, NO_3^-, ROH, RO^-, R_2O, NH_3, RNH_2, N_2H_4

软碱

R_2S, RSH, RS^-, I^-, SCN^-, $S_2O_3^{2-}$, R_3P, R_3As, $(RO)_3P$, CN^-, RNC, CO, C_2H_4, C_6H_6, H^-, R^-

---

处于中间的碱

$C_6H_5NH_2$, C_5H_5N, N_3^-, Br^-, NO_2^-, SO_3^{2-}, N_2

注：R 指烷基或烯丙基

如含氧、氟等供电子原子的硬碱容易与质子等硬酸相结合。相反,如含磷、硫、碘及碳等供电子原子的软碱则容易与软酸相结合。前者是电负性强、极化率低、不容易被氧化的硬碱,后者是电负性弱、极化率高、容易被氧化的软碱。

硬酸与硬碱之间主要以离子键结合,因此酸的电荷越大,体积越小,静电结合力越大。相反,软酸主要以共价键与软碱结合,因此体积大小及电负性相当的酸与碱更容易发生电子云重叠,有利于共价键的形成。

4.5　配合物的化学

4.5.1　何为配合物

配合物(complex)中,阳离子一般被阴离子或中性分子所包围。这些包围阳离子的基团被称为配体(ligand)。有关阳离子和配体相结合的化合物的领域属于配位化学(coordination chemistry)的范畴。

但是共价键分子、离子键分子以及配位化合物(coordination compound)之间没有明确的区分。以作为路易斯酸的金属原子为中心,与其他原子、分子以及离子等配位而成的配位化合物,可狭义地被称为金属配合物(metal complex)。

4.5.2　配合物的命名法

本节对国际纯粹与应用化学联合会(IUPAC)所制定的配合物命名法统一规则中的一些基本事项做一些叙述。

(1) 名称的顺序及化学式。名称的顺序根据配体的英语字母顺序排列。另外,配合物的化学式表达在[ ]中,配体紧随于中心金属原子之后,并按照阴离子性配体、阳离子性配体、中性配体的顺序。当有两种以上同性配体存在时,它们之间也按英语字母顺序做先后排列。

(2) 数词。金属以及配体的数量以下列希腊数词表示。

1：mono	7：hepta
2：di	8：octa
3：tri	9：nona 或 ennea
4：tetra	10：deca
5：penta	11：undeca 或 hendeca
6：hexa	12：dodeca

表示含有 mono、di 等数词的化合物以及复杂原子团等的数量时，可使用 bis、tris、tetrakis 等。

（3）中心金属及氧化数。以罗马数字表示的中心元素的氧化数，即为中心金属的氧化数。如果配合物为阴离子时，在金属名称后面缀以"酸盐"(-ate)。

（4）配体的名称。表 4－3 列举了配体的实例。配位数（coordination number）是指包围中心金属的配体的数目，这些配体的空间构型决定配合物的几何构型。

① 配位数为 2：主要常见于 $Ag(Ⅰ)$、$Au(Ⅰ)$、$Cu(Ⅰ)$、$Hg(Ⅱ)$等配合物中，以及金属离子和两个配体形成直线型(linear)结构，如$[NC-Ag-CN]^-$、$[Cl-Au-Cl]^-$等。

② 配位数为 3：具有该配位数的配合物较少见，其空间结构主要为平面型(plan)和锥型(pyramid)。HgI_3^-是三角形的平面型，$SnCl_3^-$是金字塔型。

③ 配位数为 4：具有该配位数的配合物，其主要空间结构为四面体型(tetrahedron)及正方形型(square)。正四面体型多见于非过渡以及过渡金属的配合物。例如，$Fe(Ⅱ)$和 $Co(Ⅱ)$的卤素配合物以及 $Zn(Ⅱ)$、$Cd(Ⅱ)$、$Hg(Ⅱ)$等配合物。正方形型的例子有 $Cu(Ⅱ)$、$Ni(Ⅱ)$、$Pd(Ⅱ)$、$Pt(Ⅱ)$、$Au(Ⅲ)$、$Rh(Ⅰ)$、$Ir(Ⅰ)$等。形成正方形配合物的阳离子的特征是都具有 d^8 的电子构型。这 8 个电子均填入 dsp^2 杂化轨道。该 dsp^2 杂化轨道中，各轨道方向指向正方形的各个顶点。

④ 配位数为 5：该配位数在通常情况下不多见，主要有三角双椎型(bipyramid：tbp)和四方椎型(square pyramid)。

⑤ 配位数为 6：几乎所有的金属离子形成六配位的配合物，其空间结构为正八面体。例如：$Ni(Ⅱ)(d^8)$、$Co(Ⅲ)$、$Rh(Ⅲ)(d^6)$、$Fe(Ⅲ)(d^5)$、$Cr(Ⅲ)(d^3)$等。虽然非常罕见，但是也存在六个配体位于三角棱柱(trigonal prism)的各个顶点的情况。

⑥ 配位数为 7 以上：虽然大体积阳离子有可能形成具有 7、8、9 等配位数的配合物，但是由于他们所具有的几种空间结构的稳定性没有很大区别，因此配位数较大时，配合物的结构具有立体通融性。

⑦ 配位中具有五角双锥型（pentagonal bipyramid），将三角棱柱的一个面用作第七个配体配位场所，即一面心三角棱柱等结构。8 配位具有立方体型（cube）、反四方棱柱（square antiprism）、正三角十二面体（triangular dodecahedron）等结构。配体的实例如表 4－3 所示。

表 4－3　配体的实例

（ammine）NH_3

（nitrosyl）NO

（nitro）NO_2

（nitorito）ONO

（aqua）H_2O

（carbonyl）CO

（cyano）CN^-

（thiocy anato）SCN

（isothiocyanato）NCS

（acetato）CH_3COO^-

（peroxo）O_2^{2-}

（fiuoro）F^-

（chloro）Cl^-

（hydrido）H^-

（oxo）O^{2-}

（methyl）CH_3

（phenyl）C_6H_5

（ethylendiamine）$H_2NCH_2CH_2NH_2$

（oxaiato：ox）

（exinato）

（2，Z－bipyridine：bpy）

（acetylacetonato）
$$CH_3-C-CH=C-CH_3$$

（diethyienetriamine：dien）

$$NH \begin{cases} CH_2CH_2NH_2 \\ CH_2CH_2NH_2 \end{cases}$$

（nitrirotriacetato：nta）

$$N \begin{cases} CH_2COO \\ CH_2COO \\ CH_2COO \end{cases}$$

（ethylenediaeninetetraacetato：edta）

$$^-OOCH_2C \atop ^-OOCH_2C \rangle NCH_2CH_2H \langle {CH_2COO^- \atop CH_2COO^-}$$

① 单齿配体有：

氨（ammine）NH_3

亚硝基

硝基

亚硝酸根

水合

羰基

氰基

硫氰基

异硫氰基

乙酸基

过氧基

氟代

氯代

氢化

氧基

甲基

苯基

② 双齿配体有：

乙二胺

草酸根

8-羟基喹啉

2,2′联吡啶

乙酰丙酮根

③ 三齿配体有：

二乙烯三胺

④ 四齿配体有：

次氮基三乙酸

⑤ 六齿配体有：

乙二胺四乙酸根

4.5.3 配合物中的异构现象

由于存在各种各样的异构体（isomer），使得配位化学变得复杂。以下主要叙述各种不同的异构现象。

（1）几何异构（geometrical isomerism）。图4-2展示了主要几何异构体的实例。ML_2A_2型配合物中，存在顺式（cis）和反式（trans）异构体。正八面体型配合物的主要异构体有：ML_4A_2型配合物的顺、反异构以及ML_3A_3型配合物的面式（facial，fac）和经式（meridional，mer）异构体。

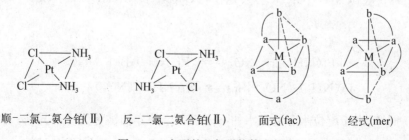

顺-二氯二氨合铂（Ⅱ）　　反-二氯二氨合铂（Ⅱ）　　面式（fac）　　经式（mer）

图4-2　主要的几何异构体实例

（2）光学异构（optical isomerism）。光学对映体（enantiomer）之间相互形成镜像关系，是不可重叠的分子。具有光学异构性的两种分子被称为镜像体。光学对映体的水溶液能够将平面偏振光的偏振面转向右面（右旋）或左面（左旋），即具有光学活性。前者称为右旋体（dextro：D-），后者称为左旋体（laevo：L-）。这两种异构体所引起的偏振面的旋转角度（旋光度）相等。右旋体（D 体）和左旋体（L 体）的混合物被称为消旋体。

图 4-3 显示了具有两个或 3 个双齿配体的八面体型配合物的对应体。具有 3 个双齿配体的配合物被称为三螯合配合物。对于该类配合物，绝对构型（absolute configuration）的记号按如下定义：即以垂直于正八面体结构中相面对的一组三角形的方向观察三螯合配合物时，配合物分子形状像风车，若风车的帆向右侧扭转则被称为右旋性（dextro：Δ）异构体，而向左侧扭转则为左旋性（laevo：Λ）异构体。

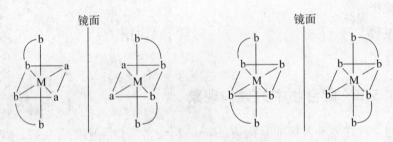

图 4-3　八面体配合物中的镜像体

（3）电离异构（ionization isomerism）。指即使分子组成式相同，在溶液中也会生成不同离子的异构体。例如以下几种配合物：

$$[Co(NH_3)_4Cl_2]NO_2 \Longleftrightarrow [Co(NH_3)_4Cl_2]^+ + NO_2^-$$

$$[Co(NH_3)_4Cl(NO_2)]Cl \Longleftrightarrow [Co(NH_3)_4Cl(NO_2)]^+ + Cl^-$$

及

$$[Pt(NH_3)_3Br]NO_2 \Longleftrightarrow [Pt(NH_3)_3Br]^+ + NO_2^-$$

$$[Pt(NH_3)_3(NO_2)]Br \Longleftrightarrow [Pt(NH_3)_3(NO_2)]^+ + Br^-$$

同样，由于配位水和结晶水的不同所产生的异构被称为水合异构。例如：$[Cr(H_2O)_6]Cl_3$，$[Cr(H_2O)_5Cl]Cl_2 \cdot H_2O$，$[Cr(H_2O)_4Cl_2]Cl \cdot 2H_2O$。

(4) 键合异构(linkage isomerism)。在单齿配体中,如果含有两个配位原子,则会因与金属离子所配位的原子不同而形成异构体。例如[Co(NH$_3$)$_5$(NO$_2$)](硝基)和[Co(NH$_3$)$_5$(ONO)](亚硝酸根)。除此之外,还有 CN(C 或 N)、NCS(N 或 S)等。

(5) 配合异构(coordination isomerism)。对于阳离子和阴离子均为配合物的化合物,根据与金属配位的配体不同,可以形成以下异构体:

$$[Co(NH_3)_6][Cr(C_2O_4)_3] 和 [Cr(NH_3)_6][Co(C_2O_4)_3],$$
$$[Cr(NH_3)_6][Cr(NCS)_6] 和 [Cr(NH_3)_4(NCS)_2][Cr(NH_3)_4(NCS)_4]。$$

4.5.4 溶液中的配合物生成反应

(1) 配合物的稳定度。一个水合金属离子(M)和配体(L)结合形成配合物时,则该配合物形成反应可以通过以下平衡式表示:

$$M + L \rightleftharpoons ML \qquad K_1 = \frac{[ML]}{[M][L]}$$

$$M + L \rightleftharpoons ML_2 \qquad K_2 = \frac{[ML_2]}{[ML][L]}$$

$$ML_2 + L \rightleftharpoons ML_3 \qquad K_3 = \frac{[ML_3]}{[ML_2][L]}$$

$$\vdots \qquad\qquad \vdots$$

$$ML_{n-1} + L \rightleftharpoons ML_n \qquad K_n = \frac{[ML_n]}{[ML_{n-1}][L]}$$

在上式中,K_1, K_2, K_3, ..., K_n 被称为逐级稳定常数(stepwise stability constant),下述反应的稳定度被称为累积稳定度常数(over-all stability constant),以 β 表示。

$$M + nL \rightleftharpoons ML_n \qquad \beta = K_1 K_2 K_3, ..., K_n$$

(2) 螯合作用。一般而言,含有五元环或六元环等螯合环的配合物,较同种不含有螯合环的配合物稳定。

例如,比较含有三个螯合环的三乙烯二胺镍(Ⅱ)的稳定常数($K=10^{18.3}$)和完全不含有螯合环的六氨合镍(Ⅱ)的稳定常数($K=10^{8.6}$),具有螯合环的三乙烯二胺镍(Ⅱ)要稳定 10^{10} 倍。

从热力学的角度考虑,配合物的稳定度与生成反应的吉布斯自由能即标准焓和标准熵有关。考察生成三乙烯二胺镍(Ⅱ)和六氨合镍(Ⅱ)时的热力学变化,由于配体 NH_3 和乙二胺均以 N 配位,因此与 Ni(Ⅱ)之间的配位结合能基本相等,可以认为焓变相等。镍离子原本具有 6 个水分子配位,当氮配体配位后这些水分子就恢复了自由。然而,这时对于六氨合镍配合物,6 个 NH_3 分子会失去自由,因此分子自由度没有发生净变化。相反,对于三乙烯二胺镍配合物,乙二胺分子只失去 3 个自由度,因此获得自由的水整体增加了 3 分子的自由度。据此,从熵变角度而言,相比六氨合镍配合物,三乙烯二胺镍配合物在反应前后其分子数量的变化更大,混乱度也更大。在熵的作用下,三乙烯二胺镍配合物总的吉布斯自由能变化更小,因此稳定常数更大。

4.5.5 配合物反应

配合物反应的种类包括配体取代反应、配合物生成反应、金属取代反应、电子移动反应等。

(1) 配体置换反应。按照陶布(H. Taube)的定义,在配体取代反应中有活性配合物(labile complex)和惰性配合物(inert complex)之分。惰性配合物是指具有较小的反应速率,可以通过传统实验方法研究的配合物。活性配合物是指具有较大的反应速率,只能应用近代松弛法等方法才能研究的配合物。

在第一过渡系列配合物中,除了 Cr(Ⅲ)和 Co(Ⅲ)的配合物以外,所有的八面体型配合物均为活性配合物。

在配体取代反应中存在两种机理,分别为单分子亲核取代反应 S_N1 和双分子亲核置换反应 S_N2。在 S_N1 机理中,配合物先发生解离,在失去配体后再发生取代反应。即先在配位层空出位置,继而新的配体发生亲核反应,其反应过程可以表示为

$$[L_5MA]^{n+} \xrightarrow{\text{慢}} A^- + \underset{\text{五配位中间体}}{[L_5M]^{(n+1)+}} \longrightarrow [L_5M]^{(n+1)+} + B^- \xrightarrow{\text{快}} [L_5MB]^{n+}$$

重要的是,失去 A^- 的第一阶段速度缓慢,因此其是决速步骤。换言之,配合物一旦形成五配位中间体,就会与新的配体 B^- 瞬间发生反应。因此反应速度可以表示为 $v=k[L_5MA]$,即与 $[L_5MA]^{n+}$ 的浓度成正比,而与新的配体 B^- 的浓度无关。

在 S_N2 机理中,新配体直接进攻原有的配合物,形成七配位活性中间体,之后被取代的配体会发生脱离。该反应机理如下:

$$[L_5MA]^{n+} + B^- \xrightarrow{\text{慢}} \left[L_5M\begin{matrix}A\\B\end{matrix}\right]^{(n-1)+} \xrightarrow{\text{快}} [L_5MB]^{n+} + A^-$$

七配位中间体

在该反应中,反应速度可以 $v=k[L_5MA][B^-]$ 表示,即与 $[L_5MA]^{n+}$ 和 B^- 的浓度之积成正比。

对于氨的取代,相对于已有的 NH_3 反式位置的取代反应最难发生,因此容易形成顺式异构体。相反,Cl^- 更容易发生反式位置的取代反应,因此容易形成反式异构体。

(2) 反位效应。人们发现在平面型四配位配合物的配体取代反应中,某些配体具有活化其反式位置的基团,并使该基团有更容易被取代的效应。图 4-4 举例了二氯二氨铂(Ⅱ)配合物异构体的合成过程。

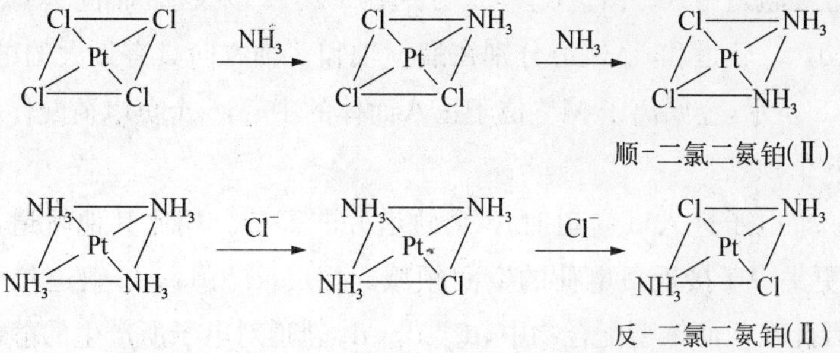

顺-二氯二氨铂(Ⅱ)

反-二氯二氨铂(Ⅱ)

图 4-4 二氯二氨铂(Ⅱ)配合物异构体的合成例子

上文所述的配体能够活化其反式位置基团,并使其更易被取代的反位效应,其效应按下列序列减小:

$$CN^-,\ CO,\ C_2H_4,\ NO > CH_3^-,\ SC(NH_2)_2,\ PR_3,\ SR_2 > SO_3H^- >$$

$$NO_2^- > I^- > SCN^- > Br^- > Cl^- > py > NH_3 > OH^- > H_2O$$

4.5.6　配位场理论

配位场理论(ligand field theory)对于理解由过渡元素形成的配合物的电子结构所引起的磁性及光谱学性质十分有效。

虽然适用于主族元素的化合价理论在过渡金属化合物中也可以应用,但是由于过渡金属化合物的电子结构中存在部分充满的 d 轨道以及 f 轨道,因此发现它具有顺磁性以及与可见吸收光谱相关的特性。

另外,也可采用晶体场理论(crystal field theory)理解这些因未充满价层的存在所产生的性质。晶体场理论是在考察静电相互作用的基础上,简单求算中心金属离子的轨道能如何受到周围原子或配体的影响。

(1) 晶体场理论。首先该理论假定金属与配体以静电的离子键相结合。现将晶体场理论应用于 d 区元素进行讨论。

如第 1 章所述,d 轨道有以下 5 个轨道函数:

① 回绕着 z 轴具有对称性的 d_{z^2} 轨道函数;

② 四叶草形状的 d_{xy}、d_{yz}、d_{zx} 轨道函数;

③ 与②形状相同,呈四叶草形,但是绕 z 轴旋转了 45°,使四片叶子正好位于 x 轴与 y 轴上的 $d_{x^2-y^2}$ 轨道函数。

以上 d 轨道中,d_{xy}、d_{yz}、d_{zx} 轨道分别在 xy、yz 以及 zx 轴间具有最大的电子密度,$d_{x^2-y^2}$ 轨道和 d_{z^2} 轨道分别在沿 y 轴和 z 轴方向具有最大的电子密度。如图 4-5 所示,金属离子 M^{n+} 位于正八面体的中心,6 个负电荷配体位于该八面体的 6 个顶点。

当一个电子进入 d 轨道时,5 个轨道并非等价。相比其他轨道,$d_{x^2-y^2}$ 及 d_{z^2} 轨道更集中于接近负电荷的空间领域。相反,d_{xy}、d_{yz}、d_{zx} 轨道位于负电荷之间。因此在八面体型配合物中,d_{xy}、d_{yz}、d_{zx} 轨道对电子所产生的静电斥力较小,更容易让电子进入轨道,并且这 3 个轨道是等价轨道。

相反,相比 d_{xy}、d_{yz}、d_{zx} 轨道,当电子进入 $d_{x^2-y^2}$ 及 d_{z^2} 轨道时,电子间的静电斥力更大,因此电子不易进入,但这两个轨道也是等价的。因为 d_{z^2} 轨道可以视为 $d_{z^2-x^2}$ 及 $d_{z^2-y^2}$ 两种轨道的线形结合,并且它们均为 $d_{x^2-y^2}$ 轨道的等位轨道。

因此,当 6 个电荷形成正八面体结构时,中心金属离子具有两组 d 轨道。

一组由 3 个相互等价的轨道构成,用 t_{2g} 表示;另一组由两个等价轨道所构成,用 e_g 表示。相比 t_{2g} 轨道,e_g 轨道具有较高的能量。

如图 4-5 所示,x、y 及 z 轴上带负电荷,金属离子进入这样的晶体场时,由于电子间的斥力,原有的 5 个轨道就会分裂为两组等价轨道:t_{2g} 和 e_g。图 4-6 显示了正八面体型以及正四面体型配合物的静电晶体场中的 d 轨道分裂及其相应能级。

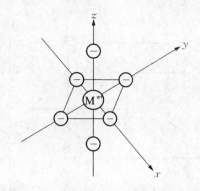

图 4-5　金属离子 M^{n+} 为中心的正八面体的顶点有 6 个负电荷配体

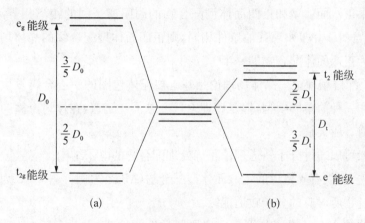

图 4-6　正八面体型及正四面体型配合物静电晶体场中的 d 轨道分裂及其相应能级示意图

(a) 正八面体型配合物;(b) 正四面体型配合物

在图 4-6(a)中,D_0 表示 e_g 和 t_{2g} 轨道组之间的能量差。相比分裂前同一的简并 d 轨道能级,e_g 轨道能级上升了 $3/5D_0$,t_{2g} 轨道能级则下降了 $2/5D_0$。

假设 10 个 d 电子平均分配在金属离子的 5 个 d 轨道中,即每个 d 轨道中各有两个电子,且其周围的 6 个电子均匀地分布在以金属离子为中心、以金属离子和配体间的原子间距离为半径的球面上。在该球面对称的环境中,d 轨道保持五重简并。如果将该 6 个电子分布于球内接正八面体的 6 个顶点,e_g 轨道的电子就会比 t_{2g} 轨道的电子具有更高的能量。因为体系的总能量不变,所以

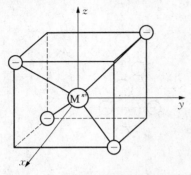

图 4-7 以金属离子 M^{n+} 为中心
的正四面体的顶点具有
4 个含负电荷配体图

e_g 轨道中的 4 个电子的能量的增加量与 t_{2g} 轨道中的 6 个电子能量的减少量相等。因此，e_g 轨道能量的增大量与 t_{2g} 轨道能量的减少量之比为 $3/5 : 2/5$。

相反，如果以金属离子为中心，在正四面体的 4 个顶点各放置一个负电荷，静电场则会如图 4-6(b) 所示，d 轨道发生分裂，d_{xy}、d_{yz}、d_{zx} 轨道会比 d_{z^2} 及 $d_{x^2-y^2}$ 轨道具有更高的能量。该变化可以通过图 4-7 所示的正四面体配合物的负电荷配置以及 d 轨道的空间排列来理解。

如果正八面体型和正四面体型配合物的阴阳离子间的距离相等，则可得出 $D_t = 4/9D_0$，即如果其他条件相同，则正四面体型配合物的晶体场分裂能大小约为正八面体配合物的一半。

(2) 配位场理论。晶体场理论是基于被配体包围的中心金属发生 d 轨道分裂这样一种简单的模型，但是该理论只考虑了 d 轨道，在探讨金属与配体之间成键时有所欠缺。

一般可以通过分子轨道理论正确处理配合物的电子结构。

首先，以仅有 σ 轨道的正八面体型配合物（ML_6）为例。图 4-8 为正八面体型配合物所对应的分子轨道能级。

配体的 6 个 σ 轨道分别与金属原子的 6 个轨道（d_{z^2}，$d_{x^2-y^2}$、s、p_x、p_y、p_z）中的一个发生重叠。根据分子轨道理论的一般原理，轨道重叠时，形成一个成键轨道和一个反键轨道。

d_{xy}、d_{yz}、d_{zx} 轨道与配体的 σ 轨道没有净重叠，因此保持原样。将这 3 个轨道合称为 t_{2g} 轨道组。由 p 轨道诱导的 3 个分子轨道会发生简并，并形成成键轨道 t_{1u} 和反键轨道组 t_{1u}^*。

同样，由 d_{z^2} 和 $d_{x^2-y^2}$ 轨道诱导的两个分子轨道也会简并为成键轨道 e_g 和反键轨道 e_g^*。由 s 轨道形成的分子轨道为成键轨道 a_{1g} 和反键轨道 a_{1g}^*。

如果配体具有一对电子对，则 6 个配体所具有 6 对电子对就会进入配合物的 6 个成键轨道（$3t_{1u}$、$2e_g$、a_{1g}）。

分子轨道对于金属 d 轨道的处理，可以得到与晶体场理论相同的结果。

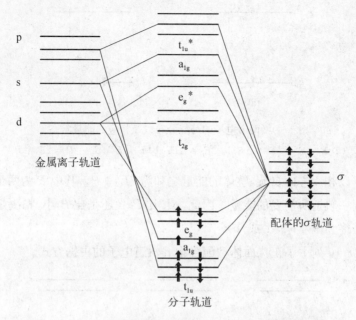

图 4 - 8　正八面体型配合物所对应的分子轨道能级示意图

d 轨道将分裂为两个一组的 e_g^* 和三个一组的 t_{2g}，e_g^* 具有较高的能级。通过假设配位原子也具有 π 轨道，分子轨道的处理可以进一步推广。该 π 轨道可以与 d_{xy}、d_{yz}、d_{zx} 重叠。这样，在分子轨道能级中，t_{2g} 和 t_{2g}^* 轨道组合的位置就会根据配体的 π 轨道性质而产生变化。配体的高能量 π 轨道与金属原子的 t_{2g} 轨道的相互作用，会使 t_{2g} 轨道的能级降低，从而进一步扩大 t_{2g} 与 e_g^* 之间的能量差。

（3）过渡金属配合物的磁性。与顺磁性相关的基本问题就是不成对电子的数目是多少的问题。

根据洪特（Hund）第一规则，n 个电子进入一组 n 重简并的轨道时，这些电子分占所有轨道，并形成 n 个不成对自旋体。当电子进入同一轨道形成电子对时需要消耗能量。图 4 - 9 显示了在某个轨道上两个电子的可能分布以及相应的能量状态。

假设有能量差为 ΔE 的两个轨道。两个电子占据这两个轨道时，则有如图 4 - 9 所示的（a）和（b）两种可能。当两个轨道各占据一个电子时，且电子的自旋方向相同，则整体的能量之和为 $2E_0 + \Delta E$。

相反，如果两个电子占据同一个低能级轨道，为了满足泡利不相容原理，

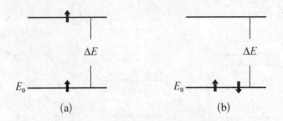

图 4-9 两个电子的可能分布以及相应的能量状态

(a) $E = E_0 + (E_0 + \Delta E) = 2E_0 + \Delta E$; (b) $E = E_0 + E_0 + P = 2E_0 + P$

两个电子以相反方向自旋,整体的能量之和为 $2E_0 + P$。其中 P 为两个电子成对进入同一轨道所需要的能量。因此,ΔE 比 P 大还是比 P 小,将决定基态电子分布最终为图 4-9(a)或(b)。

图 4-10 列举了正八面体型配合物 d 轨道电子的占据方式。

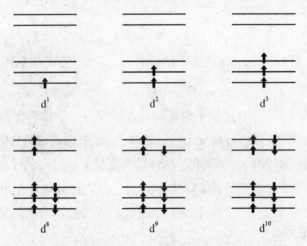

图 4-10 正八面体型配合物 d 轨道的电子占据方式示意图

当有 1、2 或 3 个电子进入 d 轨道时,电子的自旋方向均相同,进入稳定的 t_{2g} 轨道。同样,当电子数目为 8、9 或 10 个时,获得最低能量的填充方式也只有一种。

但是当 d 电子数目为 4～7 个时,电子填入轨道的可能方式有两种,基态采取哪一种电子排布,取决于 D_0 和电子成对能 P 的大小。

图 4-11 总结了当 d 轨道电子数目为 4～7 个时的电子占据方式。其中,不成对电子数目最多的电子排布被称为高自旋构型（high-spin configuration），不成对电子数目最少的电子排布被称为低自旋构型（low-spin configuration）。各种电子构型能量大小不同，在 t_{2g} 轨道有 1 个电子时大小为 $-2/5D_0$，在 e_g 轨道中有 1 个电子时大小为 $3/5D_0$，在同一轨道有一对电子对时大小为 P，将它们相加即可算出总的电子构型能。

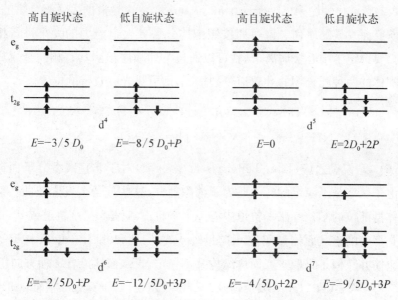

图 4-11　正八面体型配合物晶体场中高自旋型及低自旋型基态能级示意图

当高自旋状态与低自旋状态能量相等时，关系式 $D_0 = P$ 成立。分裂能 D_0 和电子成对能 P 的相对大小将决定金属离子的自旋状态。

对于 d 电子数目为 4～7 个的金属离子，晶体场越强，电子在较为稳定的 t_{2g} 轨道上聚集也越多。相反，在弱结晶场（$D_0 < P$）中，电子犹如在自由离子中一样，分布于整个 d 轨道中。

当 d 轨道电子数目为 1～3 个以及 8～10 个时，无论晶体场多强，电子会像在自由离子中一样进行排布。

（4）吸收光谱。以 $[Ti(H_2O)_6]^{3+}$ 为例，当中心金属离子位于八面体型的场中时形成 Ti（Ⅲ），并具有 d^1 构型。d 电子进入 t_{2g} 轨道。在频率 $\nu = D_0/h$（D_0 为 t_{2g} 轨道与 e_g 轨道间的能量差，h 是普朗克常数）的光照射下，离子捕获光子，处于 t_{2g} 轨道的电子被激发至 e_g 轨道。该过程使得在可见光谱上出现紫红色的吸收带。在该情况下，摩尔吸光系数小，量子论的观点认为该跃迁是禁止的。一般而言,配合物中过渡金属离子呈现有色吸收带的原因是 d-d 电子跃迁,但并不是纯粹的 d-d 跃迁,因为配体在振动过程中让 d 轨道含有了少量的 p 轨道性质。配合物可能发生 p→d,d→p 型跃迁,并获得较弱强度的吸收带。

(5) 光谱化学序列(spectrochemical series)。这是根据大量配合物的光谱实验研究而发现的序列。该序列按照配体分裂 d 轨道能力的大小进行排列,因此只要选定了中心金属离子,就可以通过下列顺序预测具有相同金属离子、不同配体的两种配合物的 d 轨道分裂情况,即可见光吸收带的位置。

$$I^- < Br^- < Cl^- < F^- < OH^- < C_2O_4^{2-} < H_2O < NCS^- <$$

$$py < NH_3 < en < bpy < o-phen < NO_2^- < CN^-$$

(6) 姜-泰勒效应(Jahn-Teller effect)。一般,对于非直线型分子而言,简并的电子状态是不稳定的。因此为了消除简并,这些分子会发生扭曲。例如,八面体型配位的 Cu^{2+},在 e_g 轨道中有一个空轨道,它是 $d_{x^2-y^2}$ 轨道或 d_{z^2} 轨道。如果是严密的正八面体型配位,则 $(d_{x^2-y^2})^2 d_{z^2}$ 构型和 $d_{x^2-y^2}(d_{z^2})^2$ 构型等价,为两重简并。但是采取正八面体结构并不稳定,正八面体沿着 z 轴方向扭曲。

1937 年,姜(H. Jahn)和泰勒(E. Teller)发现,对于具有三重轴(C3)以上对称轴的配合物或者晶体,通过发生键轴长度的伸缩等变形降低自身的对称性,从而消除简并,因此在能量上比电子轨道处于简并态的基态更低,是更加稳定的状态。通过降低对称性,使配合物以及晶体变得更加稳定,这种效应被称为姜-泰勒效应。

姜-泰勒效应多见于容易形成八面体型配位的过渡金属配合物,上述铜(Ⅱ)(Cu^{2+})配合物是其中的典型。

如图 4-12 所示,八面体型过渡金属配合物的轨道分裂为双重简并的 e_g 轨道(d_{z^2}、$d_{x^2-y^2}$)和三重简并的 t_{2g} 轨道(d_{xy}、d_{yz}、d_{zx})。铜(Ⅱ)配合物在最外层 3d 轨道有 9 个电子占据,形成 d^9 组态。e_g 轨道的 3 个电子以 $d_{x^2-y^2}(d_{z^2})^2$ 方式占据,t_{2g} 轨道被 6 个电子全部占满。在该配合物中,配体的孤电子对与 5 个 d 轨道之间会产生库伦斥力。比起 d_{xy}、d_{yz}、d_{zx},d_{z^2} 和 $d_{x^2-y^2}$ 在轴向具有较高的电子密度,因此库伦斥力也较大,d 轨道会分裂为两组轨道:一组由具有较高能量的 d_{z^2} 和 $d_{x^2-y^2}$ 轨道构成,另一组由具有较低能量的 d_{xy}、d_{yz}、d_{zx} 轨道构成。在 e_g 轨道中,d_{z^2} 轨道变得更加稳定,$d_{x^2-y^2}$ 轨道变得更加不稳定。从能量角度看,对 d_{z^2} 轨道的稳定化有利。相反,在 t_{2g} 轨道中,d_{xy} 的不稳定化与 d_{yz} 和 d_{zx} 的稳定化几乎没有能量差别,结果导致简并消除,使配合物成为沿 z 轴方向拉长的八面体。相比 x 和 y 轴上的 4 个配体,在 z 轴方向的配体受到的 Cu^{2+} 电荷屏蔽更大。

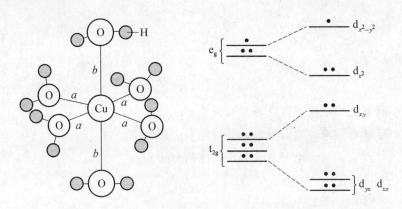

图 4-12   由姜-泰勒效应引起的六水合铜(Ⅱ)配合物的
变形以及简并消除(·电子)示意图

六水合铜(Ⅱ)配合物是一个非常好的例子,在该配合物中,Cu^{2+} 的配位数是 6,在一个平面内有相互靠近($Cu-O$ 键长 a,约为 195 pm)的 4 个配体,剩余的两个配体位于离得较远($Cu-O$ 键长 b,约为 238 pm)。

顺便提一下,在晶体中,姜-泰勒扭曲周期性地发生会降低晶体的对称性。

第 5 章 电化学与氧化还原

理解电化学反应与电动势的关系。

了解电解质溶液与电极组合对电动势的影响。

理解采用固体电解质的二次电池内部的反应。

5.1 电解质溶液

5.1.1 溶液的电导率

氯化钠的水溶液显示导电性。我们将如酸、碱、盐那样具有在水溶液中电离成离子性质的物质称为电解质(electrolyte)。电解质可分为强电解质(strong electrolyte)和弱电解质(weak electrolyte)两大类。

强电解质包括盐酸、硝酸等强酸,氢氧化钠、氢氧化钾等强碱,以及氯化钠、硝酸钾等盐类。强电解质是在水溶液中完全电离成离子的,非解离的分子几乎不存在。

另一方面,弱电解质和强电解质相反,它在溶液中部分电离成离子,与非解离分子共存,例如,醋酸和氨之类的物质。如果在电解质溶液中插入阴阳两个电极,并从外部给予足够高的电压差,则溶液中的阳离子向阴极方向、阴离子向阳极方向移动,结果溶液中就有电流通过,这样的溶液称为电解质溶液(electrolytic solution)。电解质电离产生的离子移动所形成的电导称为离子导电,像金属中由自由电子产生的传导称为电子导电一样,由离子和电子共同形成的传导称为混合导电。

离子发生上述的移动,则在阴阳两个电极的表面发生各种不同的化学反应。法拉第(M. Faraday)于 1883 年发现了如下电解定律:

(1) 电解时,在电极上发生析出或溶解的化学变化的量与溶液中流过的电量成正比。

(2) 由相同电量析出或溶解的物质的量与该物质的化学当量成正比。

由 1 C(coulomb)电量析出或溶解的物质的量称为该物质的电化学当量(electrochemical equivalent)。换言之,析出或溶解 1 g 当量物质所需的电量法拉第(F)与物质的本性无关。$F = 96\,487$(coulomb/equiv),它对于计算由电解产生的物质变化量十分有效。1 g 当量的离子(如果是一价离子的话),即阿伏伽德罗常数 N_A 为 6.022×10^{23} 个离子所带的电量等于 $1F$。因此,如果 1 个电荷为 e($1.602\,1 \times 10^{-19}$ coulomb),则关系式 $F = N_A e = 97\,487$(coulomb/equiv)成立。

与金属一样,电解质的电导也遵循欧姆(Ohm)定律。现在盛有电解质溶液的容器中插入两枚相同面积(A)的平行板电极,外加电位差 V 时,电流的强度(I)与溶液的电阻(R)之间的关系符合式(5-1)。

$$V = RI \tag{5-1}$$

另外,R 与电极间的距离(L)成正比,与截面积(A)成反比。

$$R = \rho \frac{L}{A} \tag{5-2}$$

式中,ρ 称为比电阻(specific resistance),它的值相当于 $L = 1$ cm,$A = 1$ cm^2 时的电阻,并随溶液的种类和浓度不同而变化。

一般而言,讨论电导时用电阻的倒数进行比较更合理。这里,电阻 R 的倒数 $1/R$ 称为溶液的电导率(electric conductivity),单位为 Ω^{-1}(ohm^{-1})或 S(Siemens:西门子)。ρ 的倒数 $1/\rho$ 称为比电导(specific conductivity),用 κ 表示,单位为 Ω^{-1} cm^{-1} 或 Scm^{-1}。进一步比较含 1 g 当量电解质的溶液的电导率时,采用当量电导率 Λ(equivalent conductivity)就比较方便。这里的 Λ 和 κ 的关系式可由式(5-3)表示。另外,C^*(equiv/cm^3)为 1 L 溶液中含有的电解

质的克当量数,故 1 000/C^* 为含 1 g 当量的电解质的溶液的体积,单位用 cm^3 表示。Λ 的单位为 Ω^{-1} cm^2 equiv^{-1}。

$$\Lambda = \frac{1\,000\kappa}{C^*} \tag{5-3}$$

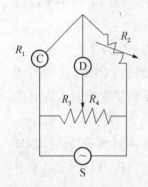

图 5-1 科尔劳施电桥图

虽然有点古典,但实际测定溶液的电导率时,图 5-1 所示的被称为科尔劳施(Kohlrausch)电桥的电路是有名的。

C 为含有电解质溶液和电极的容器,S 为交流发电机,D 为听筒。各部分电阻的大小分别为 R_1,R_2,R_3 和 R_4。电源 S 给电桥通入交流电后,把听筒放在耳侧,变化 R_3 和 R_4 的值,找出听筒杂音消失的点,即 D 中电流为零的点,这时式(5-4)成立,因此可求得溶液的电阻 R_1。

$$R_1 : R_2 = R_3 : R_4$$

所以

$$R_1 = \frac{R_2 R_3}{R_4} \tag{5-4}$$

通过比较许多电解质的电导率,特别是当量电导率 Λ,就可以知道这些电解质溶液中的电离状态,特别是强电解质与弱电解质的 Λ 值相差很大。相同的当量浓度,含有众多离子的强电解质比部分电离的弱电解质,其 Λ 值要大得多。另外,溶液浓度越稀释,Λ 值就越大。

特别的,强电解质的情况下,低浓度时,Λ 与溶液浓度的平方根成正比,呈直线上升,无限稀释时到达极限值 Λ_0,Λ_0 称为该强电解质的极限当量电导率(limiting equivalent conductivity)。相对而言,弱电解质在普通浓度下的 Λ 值比强电解质要小很多,但是一旦稀释其值就急剧升高,所以无法求得它在无限稀释时的极限值。上述现象是由科尔劳施(F. Kohlrausch)通过实验发现的,所以被称为科尔劳施的平方根定律(Kohlrausch's square root law),可由式(5-5)表示。

$$\Lambda = \Lambda_0 - k\sqrt{c} \tag{5-5}$$

1875 年,科尔劳施又发现了如下规律:强电解质溶液的极限当量电导率

Λ_0 可表示为溶液中所含的阳离子、阴离子各自固有的离子电导率 λ_+、λ_- 之和。

$$\Lambda_0 = \lambda_+ + \lambda_- \tag{5-6}$$

各种离子在无限稀释的溶液中，完全失去了库仑力的束缚，这就意味着相互之间能不受影响地独立运动，这被称为离子独立移动定律（law of independent migration of ions）。λ_+、λ_- 分别为 1 g 当量的阳离子、阴离子发生自由移动时的离子电导率，称为离子当量电导率（equivalent ionic conductivity）。

各种离子当量电导率列于表 5-1 中。对于弱电解质醋酸，虽然通过式（5-5）所对应曲线的外推无法求得其 Λ_0，但可以利用表 5-1 中数据计算得出：

$$\begin{aligned} \Lambda_0 &= \lambda_{H^+} + \lambda_{CH_3COO^-} = 349.82 + 40.9 \\ &= 390.72(\Omega^{-1}\,cm^2\,equiv^{-1}) \end{aligned}$$

Λ 与 Λ_0 之比 Λ/Λ_0 称为电导率比（conductivity ratio），对于弱电解质，电导率比就直接对应它在溶液中的电离度 α。

表 5-1　不同离子的当量电导率（$\Omega^{-1}\,cm^2\,equiv^{-1}$，25℃）

阳离子	λ_+	阴离子	λ_-
H^+	349.82	OH^-	198.0
Li^+	38.69	Cl^-	76.34
Na^+	50.11	Br^-	78.4
K^+	73.52	I^-	76.8
NH_4^+	73.4	NO_3^-	71.44
Ag^+	61.92	CH_3COO^-	40.9
$1/2Mg^{2+}$	53.06	$1/2SO_4^{2-}$	
$1/2Ca^{2+}$	59.50		79.8
$1/2Ba^{2+}$	63.64		

5.1.2　离子的移动和迁移数

虽说 λ_+、λ_- 为 1 g 当量的阳离子、阴离子发生自由移动时各自的离子电导率，但它们也是电解质的组成离子搬运电荷速度的函数，所以在一定强度的电场，可以认为离子电导率与离子的移动速度成正比。如果将单位强度的电场（1 Vcm^{-1}）中 1 个离子的移动速度称为离子淌度（ionic mobility），那么 λ_+、λ_-

与离子淌度 u_+、u_- 之间存在式(5-7)的关系：

$$\lambda_+ = Fu_+, \quad \lambda_- = Fu_-\tag{5-7}$$

因此，根据式(5-6)、式(5-7)，可通过下式求得 Λ_0：

$$\Lambda_0 = F(u_+ + u_-)$$

表5-2列出了各种离子淌度。从该表可知，离子半径小的 Na^+ 比半径大的 K^+ 的淌度小。这是因为离子半径小，极化率低的 Na^+ 对水分子的吸引力大，离子变得不易移动。离子 H^+ 和 OH^- 的 u_+ 和 u_- 的值比其他离子的淌度几乎高出一个数量级，这是因为 H^+ 和 OH^- 除了自身移动外，还与邻近的水分子之间按照下列机理发生质子移动。该机理称为质子跳跃机理。

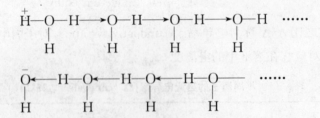

表5-2　不同离子的淌度($\Omega^{-1}V^{-1}s^{-1}$, 25℃)

阳离子	u_+	阴离子	u_-
H^+	36.30×10^{-4}	OH^-	20.50×10^{-4}
Li^+	4.01×10^{-4}	Cl^-	7.91×10^{-4}
Na^+	5.19×10^{-4}	NO_3^-	7.40×10^{-4}
K^+	7.62×10^{-4}	HCO_3^-	4.61×10^{-4}
Ba^{2+}	6.59×10^{-4}	SO_4^{2-}	8.27×10^{-4}

因为电解质溶液中阴阳离子的淌度相互不同，因此各个离子搬运电荷的量也是不一样的。某个特定离子输送的电流在整个电流中所占的分数，称为该种离子的迁移数(transport number)。即使是同一个离子，如果与其搭配的离子不同，则迁移数也不同。假定无限稀释时阴阳离子的迁移数分别为 t_-、t_+，则两者之比与各离子的淌度之比相等，如式(5-8)所示：

$$\frac{t_+}{t_-} = \frac{u_+}{u_-}\tag{5-8}$$

另外,因为 $t_- + t_+ = 1$,所以

$$t_+ = \frac{u_+}{(u_+ + u_-)}, \; t_- = \frac{u_-}{(u_+ + u_-)} \tag{5-9}$$

这些迁移数的测定常用方法有希托夫(Hittorf)法和界面移动法等。不同电解质的迁移数列于表 5-3 中。

表 5-3 不同电解质溶液无限稀释时阳离子的迁移数(25℃)

电解质	迁移数(t_+)	电解质	迁移数(t_+)
HCl	0.820 9	KBr	0.484 9
NaCl	0.396 3	KNO$_3$	0.507 2
CH$_3$COONa	0.550 7	NH$_4$Cl	0.490 9
Na$_2$SO$_4$	0.386	CaCl$_2$	0.438 0
KCl	0.490 6	AgNO$_3$	0.464 3

由式(5-6)~式(5-9)可知,式(5-10)成立:

$$t_+ = \frac{\lambda_+}{(\lambda_+ + \lambda_-)} = \frac{\lambda_+}{\Lambda_0}, \; t_- = \frac{\lambda_-}{(\lambda_+ + \lambda_-)} = \frac{\lambda_-}{\Lambda_0} \tag{5-10}$$

5.2 电池的电动势

5.2.1 丹尼尔电池

电解是通过电能产生离子移动和化学变化,与之相反,由化学反应产生电流的装置是电池(galvanic cell)。电池的两极间产生的电位差也叫电动势(electromotive force)。自古以来,人们熟知的简单电池中有丹尼尔(Daniell)电池。该电池的电极体系为铜插入硫酸铜溶液后构成的阴极和锌插入硫酸锌溶液后构成的阳极。为了防止两个溶液混合,采用多孔性隔膜将它们隔开。这里所谓的电极体系,就是电子导体的金属和离子导体的溶液相接触而形成的电化学体系。电极体系又称为半电池(half cell),可以认为电池是由两个半电池组合而成的。丹尼尔电池可以表示如下所示,其电动势为 1.1 V 左右。

$$(-)Zn \mid ZnSO_4(aq) \mid CuSO_4(aq) \mid Cu(+)$$

在溶液中锌原子形成锌离子的倾向(离子化倾向)比铜形成铜离子的倾向强,连通该电池,锌电极附近发生式(5-11)的反应,铜电极附近发生式(5-12)的反应。

$$Zn \longrightarrow Zn^{2+} + 2e^- \tag{5-11}$$

$$Cu^{2+} + 2e^- \longrightarrow Cu \tag{5-12}$$

也就是说,锌电极表面形成锌离子后溶于电解液,反应中生成的电子流过与金属电极相连的电线到达铜电极,与溶液中的铜离子反应生成铜原子附着于电极上。结合该两个反应得电池反应式(5-13)。

$$Zn + Cu^{2+} \longrightarrow Zn^{2+} + Cu \tag{5-13}$$

具有与丹尼尔电池结构一样的电池,一般称为可逆电池(reversible cell)。该电池发生反应时,一旦有外部给其回路加上逆向电位,就可以发生逆反应,如式(5-14)所示,任一方向的反应都能自由发生。

$$Zn + Cu^{2+} \Longleftrightarrow Zn^{2+} + Cu \tag{5-14}$$

5.2.2　半电池的种类

(1) 含金属电极(metal electrode)的半电池。最简单的半电池是含金属和与之相接触的含该金属离子溶液的金属电极体系。该电极体系称为第一类电极体系。该半电池的符号以及电极反应如式(5-15)所示:

$$M \mid M^{n+}, \ M \Longleftrightarrow M^{n+} + ne^- \tag{5-15}$$

(2) 含气体电极(gas electrode)的半电池。在铂等贵金属表面通气体,并使之与含由该气体产生的离子的溶液相接触就形成了该半电池。氢电极(hydrogen electrode)是它的典型代表。铂金电极插入盐酸,氢气与氢离子相接触。吸附于电极表面的氢气被激活生成氢原子,与氢离子达成平衡。该半电池的符号以及电极反应如式(5-16)所示:

$$Pt \mid H_2(g) \mid HCl(aq), \ H_3O^+ + e^- \Longleftrightarrow \frac{1}{2}H_2 + H_2O \tag{5-16}$$

（3）含氧化还原电极(oxidation-reduction electrode)的半电池。将如铂金一样的贵金属插入含同一元素而不同价数的两种离子的溶液即为该半电池。例如，如果在含 Fe^{2+} 和 Fe^{3+} 两种离子的溶液中插入铂金，则高价离子、低价离子分别作为氧化体和还原体，发生氧化还原反应。该半电池的符号以及电极反应如式(5-17)所示：

$$Pt \mid Fe^{3+},\ Fe^{2+}(aq),\ Fe^{3+} + e^- \Longleftrightarrow Fe^{2+} \qquad (5-17)$$

（4）含第二类电极体系的半电池。在金属表面涂上该金属的难溶盐，并将其浸入与该盐具有共同离子的溶液中，则形成了第二类电极(electrode of the second kind)体系。属于该类半电池的实例如下：

① 含氯化银电极的半电池。该半电池可表示如下：

$$Ag(s) \mid AgCl(s) \mid Cl^-(aq)$$

该半电池的电极表面和金属电极一样，如式(5-18)生成银离子或发生银的析出。

$$Ag^+ + e^- \Longleftrightarrow Ag(s) \qquad (5-18)$$

由式(5-18)的逆反应生成 Ag^+ 时，按照式(5-19)，它与溶液中的 Cl^- 反应生成 AgCl 沉淀。相反，如由上述正反应发生银析出，因为溶液中的 Ag^+ 变少，则式(5-19)的平衡向右移动，AgCl 沉淀部分溶解，又有 Ag^+ 生成。

$$AgCl(s) \Longleftrightarrow Ag^+ + Cl^- \qquad (5-19)$$

故总反应如式(5-20)所示：

$$AgCl(s) + e^- \Longleftrightarrow Ag(s) + Cl^- \qquad (5-20)$$

因此，根据溶度积的关系，该半电池的电位随 Cl^- 浓度而发生可逆变化。

② 含甘汞电极(calomel electrode)的半电池。将水银与甘汞(氯化亚汞，Hg_2Cl_2)混炼的糊状物置于水银的表面，再在上面注满用甘汞饱和的 KCl 溶液即构成半电池。该半电池的符号及电极反应如式(5-21)所示：

$$Hg \mid Hg_2Cl_2(s) \mid KCl(aq),\ \frac{1}{2}Hg_2Cl_2 + e^- \Longleftrightarrow 2Hg(l) + 2Cl^-$$

$$(5-21)$$

该半电池的电位值也由 Cl^- 浓度决定。

①和②所述的电极体系,操作方便,电位稳定,因此用作参比电极(reference electrode)。

5.2.3　标准电极电位

在半电池的电极上发生的反应,可用式(5-22)所示的一般式表示:

$$Red \Longrightarrow Ox + e^- \qquad (5-22)$$

其中,Red 和 Ox 分别为构成半电池的原子与离子的还原态(reduced form)和氧化态(oxidized form)。例如,对于甘汞电极,Hg 是 Red,Hg_2Cl_2 中的 Hg_2^{2+} 为 Ox。

将两个半电池连接在一起构成电池时,如果一方半电池的还原态和氧化态为 Red_1 和 Ox_1,另一方半电池的为 Red_2 和 Ox_2,则为了使该电池具有电动势,在下列的两个可逆反应中,式(5-23)向右反应的倾向必须比式(5-24)向右反应的倾向大。考虑到丹尼尔电池中锌的离子化倾向比铜大是电动势产生的原因,就很好理解上述规定了。

$$Red_1 \Longrightarrow Ox_1 + ne^- \qquad (5-23)$$

$$Red_2 \Longrightarrow Ox_2 + ne^- \qquad (5-24)$$

该电池中发生的电池反应可总结为式(5-25):

$$Red_1 + Ox_2 \Longrightarrow Ox_1 + Red_2 \qquad (5-25)$$

电池产生电动势是因为两极上的还原态物质 Red_1 和 Red_2 被氧化的容易程度不同。其中的氧化还原反应不是让其直接混合发生反应,而是让氧化反应、还原反应在由电线和盐桥连接的两个半电池中分别进行,由这种方式产生电流的装置就是电池。因此,阴极一侧的 Ox_2 越容易还原,或阳极一侧的 Red_1 越容易氧化,则电池的电动势越大。

电池的电动势与每个电极对于溶液所显示的电位是等同的,所以如果各个电极的电位已知,就可以定量预知 Red 被氧化或 Ox 被还原的容易程度。但是,实际上不可能测得各个电极电位的绝对值,所以采用标准氢电极(standard hydrogen electrode)作为电极电位的基准,在含该电极的半电池与

含电极 E 的半电池组成的电池中,将反应相关物质的活度均为 1 的标准状态时的电动势作为 E 电极的标准电极电位(standard electrode potential)。不同电极的标准电极电位列于表 5-4 中。

表 5-4　标准电极电位(25℃)

电 极 系 统	电极反应($Red \rightleftharpoons Ox + ne^-$)	标准电极电位/V
$K^+ \mid K$	$K^+ + e^- \rightleftharpoons K$	-2.925
$Ca^{2+} \mid Ca$	$Ca^{2+} + 2e^- \rightleftharpoons Ca$	-2.866
$Na^+ \mid Na$	$Na^+ + e^- \rightleftharpoons Na$	-2.714
$Mg^{2+} \mid Mg$	$Mg^{2+} + 2e^- \rightleftharpoons Mg$	-2.363
$Al^{3+} \mid Al$	$Al^{3+} + 3e^- \rightleftharpoons Al$	-1.662
$Zn^{2+} \mid Zn$	$Zn^{2+} + 2e^- \rightleftharpoons Zn$	-0.7628
$Fe^{2+} \mid Fe$	$Fe^{2+} + 2e^- \rightleftharpoons Fe$	-0.4402
$Cd^{2+} \mid Cd$	$Cd^{2+} + 2e^- \rightleftharpoons Cd$	-0.4029
$Ni^{2+} \mid Ni$	$Ni^{2+} + 2e^- \rightleftharpoons Ni$	-0.250
$I^- \mid AgI(s) \mid Ag$	$AgI(s) + e^- \rightleftharpoons Ag^+ + I$	-0.1518
$Sn^{2+} \mid Sn$	$Sn^{2+} + 2e^- \rightleftharpoons Sn$	-0.136
$Pb^{2+} \mid Pb$	$Pb^{2+} + 2e^- \rightleftharpoons Pb$	-0.126
$Fe^{3+} \mid Fe$	$Fe^{3+} + 3e^- \rightleftharpoons Fe$	-0.036
$H^+ \mid H_2 \mid Pt$	$H^+ + e^- \rightleftharpoons 1/2H_2$	-0.000
$Sn^{4+}, Sn^{2+} \mid Pt$	$Sn^{4+} + 2e^- \rightleftharpoons Sn^{2+}$	0.15
$Cu^{2+}, Cu^+ \mid Pt$	$Cu^{2+} + e^- \rightleftharpoons Cu^+$	0.153
$Cl^- \mid AgCl(s) \mid Ag$	$AgCl(s) + e^- \rightleftharpoons Ag^+ + Cl^-$	0.2222
$Cl^- \mid Hg_2Cl_2(s) \mid Hg$	$Hg_2Cl_2(s) + 2e^- \rightleftharpoons 2Hg^+ + 2Cl^-$	0.2676
$Cu^{2+} \mid Cu$	$Cu^{2+} + 2e^- \rightleftharpoons Cu$	0.337
$OH^- \mid O_2 \mid Pt$	$1/2O^2 + H_2O + 2e^- \rightleftharpoons 2OH^-$	0.401
$I^- \mid I_2(s) \mid Pt$	$1/2I_2(s) + e^- \rightleftharpoons I^-$	0.5355
$Fe^{3+}, Fe^{2+} \mid Pt$	$Fe^{3+} + e^- \rightleftharpoons Fe^{2+}$	0.771
$Hg_2^{2+} \mid Hg$	$1/2Hg_2^{2+} + e^- \rightleftharpoons Hg$	0.788
$Ag^+ \mid Ag$	$Ag^+ + e^- \rightleftharpoons Ag$	0.7991
$Hg^{2+}, Hg_2^{2+} \mid Hg$	$2Hg^{2+} + 2e^- \rightleftharpoons Hg_2^{2+}$	0.920
$Br^- \mid Br_2(l) \mid Pt$	$1/2Br_2(l) + e^- \rightleftharpoons Br^-$	1.0652
$Cl^- \mid Cl_2 \mid Pt$	$1/2Cl_2 + e^- \rightleftharpoons Cl^-$	1.3595
$Ce^{4+}, Ce^{3+} \mid Pt$	$Ce^{4+} + e^- \rightleftharpoons Ce^{3+}$	1.61
$Co^{3+}, Co^{2+} \mid Pt$	$Co^{3+} + e^- \rightleftharpoons Ce^{2+}$	1.808

相对于标准氢电极,在表5-4中,电极越处于上方则越带负电,而越处于下方则越带正电。因此该表是不同电极上 Red 型物质的被氧化程度从易到难的顺序排列表。电池的电动势就是两极间的电位差,因此,例如求丹尼尔电池的电动势,$Zn^{2+}|Zn$ 的标准电极电位为 $-0.762\ 8\ V$,$Cu^{2+}|Cu$ 的标准电极电位为 $0.337\ V$,故阴阳两极电位之差为 $0.337-(-0.762\ 8)=1.099\ 8\ V$。就这样,处于反应相关物质的活度为 1 的标准状态下的电池,其标准电动势可以取为两极的标准电极电位之差。

标准氢电极是用下式表示的氢电极。

$Pt|H_2(g, 1\ atm)|H^+(aq, a_{H+}=1)$ (1 atm = 1.013 25 bar = 101 325 Pa)

也就是说,制作标准氢电极时,维持氢气的压力为 1 个大气压,溶液中 H^+ 的活度为 1。其中活度(activity)的定义如下:

$$a = \gamma m\ (m\ 为重量摩尔浓度,用摩尔浓度\ c\ 表示时,a = fc)$$

式中,γ 和 f 称为活度系数。有限浓度的强电解质溶液中的阴阳两个离子间因为库仑力的作用,限制了相互的自由运动,表观的离子数比实际存在的离子数要少。为了校正这种库仑力的影响,通过乘以活度系数,将浓度换算成活度表示。

这样,活度系数的值随离子的种类、溶液中电解质的种类以及浓度的变化而各不相同。但是在任何情况下,溶液浓度越低,γ 和 f 的值越接近于 1,这时活度 a 和浓度 $m(c)$ 变得没有差别。

不同的金属元素按照其标准电极电位从低到高的顺序做如下排列,即得电化学系列(electrical series),它表示了常见金属的离子化倾向大小的顺序:
$K > Ca > Na > Mg > Al > Zn > Fe > Cd > Ni > Sn > Pb > (H_2) > Cu > Hg > Ag > Pt > Au$。

5.2.4 电动势与活度

在 5.2.3 节所讨论的标准电极电位的值,对应于电极反应相关物质的活度为 1(气体为 1 atm=$1.013\ 25\times10^5$ Pa,金属为纯金属)的情形,但是如果气体的压力和金属的纯度发生变化,则其活度就不是 1,电极电位也随之变化。

如果某个电极上 Red 和 Ox 各自的活度为 a_{Red} 和 a_{Ox},则该电极电位 E 可用式(5-26)(能斯特方程)表示。

$$E = E_0 + \frac{RT}{nF} \ln\left(\frac{a_{Ox}}{a_{Red}}\right) \qquad (5-26)$$

式中,E_0 为该电极的标准电极电位,R 为气体常数,T 为绝对温度,n 对应于平衡式 Red $\Longleftrightarrow$ Ox $+ ne^-$ 中的电子数,F 为法拉第常数。例如,对于金属电极 M$|$M^{n+},因为金属的活度为 1,故式(5-26)就变成了式(5-27)。

$$E = E_0 + \frac{RT}{nF} \ln a_{M^{n+}} \qquad (5-27)$$

其中,$a_{M^{n+}}$ 为溶液中 M^{n+} 的活度。

现在,假定具有任意活度 a_{Red}、a_{Ox} 的两个电极组合成电池,则该电池的电动势 E 可用式(5-28)表示:

$$E = E_1 - E_2$$

$$= (E_{10} - E_{20}) + \frac{RT}{nF}\left\{\ln\left(\frac{a_{Ox_1}}{a_{Red_1}}\right) - \ln\left(\frac{a_{Ox_2}}{a_{Red_2}}\right)\right\} \qquad (5-28)$$

式中,$E_{10} - E_{20}$ 为电池的标准电动势 E_0。由热力学进一步证明标准电动势可由式(5-29)表示。

$$E_0 = \frac{RT}{nF} \ln K \qquad (5-29)$$

但是,这里不是用浓度,而是用活度来表示电池反应(Red$_1$ + Ox$_2$ $\Longleftrightarrow$ Ox$_1$ + Red$_2$)的平衡常数 K。

5.2.5　电动势测定的应用

(1) 离子浓差电池。即使电池的两个电极构成相同,但构成物质的浓度相互不同时,它们活度的不同也会产生电动势,这样的电池一般称为浓差电池(concentration cell)。在离子浓差电池中,两个电极部分的离子浓度相互不同,可表示如下:

$$M \mid M^{n+}(a_1) \mid\mid M^{n+}(a_2) \mid M$$

上式中,a_1,a_2 为两极上 M^{n+} 的活度,如果 $a_1 > a_2$,则右侧的 M 比左侧 M 更容易发生 $M = M^{n+} + n e^-$ 的反应,所以,右侧的 M 为阳极,左侧的 M 为阴极。对该电池而言,因为式(5-28)中 $E_{10} = E_{20}$,$a_{\text{Red}_1} = a_{\text{Red}_2} = 1$,所以电动势的表达式变成了式(5-30)。

$$E = \frac{RT}{nF} \ln \frac{a_1}{a_2} \tag{5-30}$$

(2) 水离子积的确定。如下所示的氢离子浓差电池中,它的电动势由式(5-31)表示。

$$E = \frac{RT}{F} \ln \frac{a_{\text{H}^+}}{a_{\text{H}'^+}} \tag{5-31}$$

式中,a_{H^+},$a_{\text{H}'^+}$ 分别为 $0.01\ \text{mol} \cdot \text{L}^{-1}$ HCl 和 $0.01\ \text{mol} \cdot \text{L}^{-1}$ KOH 溶液中 H^+ 的活度。因为是稀溶液,所以重量摩尔浓度与摩尔浓度相等。25℃时该浓度下 HCl 的活度系数为 0.9,所以,$a_{\text{H}^+} = 0.90 \times 0.01 = 0.009 (\text{mol} \cdot \text{L}^{-1})$。另外,$R = 8.314 (\text{J} \cdot \text{K}^{-1}\text{mol}^{-1})$,$T = 25 + 273.15 (\text{K})$,$F = 96\ 487 (\text{C} \cdot \text{mol}^{-1})$,如将 E 的实测值 0.587 4 V 代入式(5-31),就可以根据下式求得 $a_{\text{H}'^+}$ 的值:

$$0.587\ 4 = \left(\frac{8.314 \times 298.15}{96\ 487} \right) \times 2\ 303 \log \left(\frac{0.009}{a_{\text{H}'^+}} \right)$$

所以 $\qquad a_{\text{H}'^+} = 1.06 \times 10^{-12} (\text{mol} \cdot \text{L}^{-1})$

另一方面,因为在 $0.01\ \text{mol} \cdot \text{L}^{-1}$ KOH 溶液中,OH^- 的活度也为 0.009 $(\text{mol} \cdot \text{L}^{-1})$,所以活度代替浓度表示的水的离子积 K_w 可由下式求得:

$$K_\text{w} = a_{\text{H}^+} \times a_{\text{OH}^-} = 1.06 \times 10^{-12} \times 0.009 = 0.95 \times 10^{-14} (\text{mol}^2 \cdot \text{L}^{-2})$$

(3) 难溶盐的溶度积的确定。考虑如下的 Ag^+ 离子浓差电池,它的电动势如式(5-32)所示:

$$\text{Ag} | \text{AgCl(s)}, \text{KCl}(m = 0.1) \| \text{AgNO}_3(m = 0.1) | \text{Ag}$$

$$E = \frac{RT}{F} \ln \frac{a_{\text{Ag}^+}}{a_{\text{Ag}'^+}} \tag{5-32}$$

式中,a_{Ag^+},$a_{\text{Ag}'^+}$ 分别为质量摩尔浓度 $m = 0.1$ 的 AgNO_3 溶液,以及相同浓度

并与固体 AgCl(s) 相接触的饱和 KCl 溶液中的 Ag$^+$ 的活度。25℃时,该浓度下,AgNO$_3$ 溶液中溶质的活度系数为 0.72,所以 $a_{Ag^+} = 0.72 \times 0.1 = 0.072$(mol·L^{-1})。与确定水的离子积时一样,$R = 8.314$(JK^{-1}·mol^{-1}),$T = 25 + 273.15$(K),$F = 96\ 487$(C·mol^{-1}),如将 E 的实测值 0.455 V 代入式(5-32),就可以根据下式求得 $a_{Ag'^+}$ 的值。

$$0.455 = \left(\frac{8.314 \times 298.15}{96\ 487}\right) \times 2.303 \log\left(\frac{0.072}{a_{Ag'^+}}\right),$$

则
$$a_{Ag'^+} = 1.44 \times 10^{-9}\,(\text{mol·L}^{-1})$$

这是与 AgCl(s) 相接触的饱和 KCl 溶液中 Ag$^+$ 的活度。另外,因为重量摩尔浓度 $m = 0.1$ 的 KCl 溶液中的活度系数为 0.77,所以 AgCl 的溶度积 K_{AgCl} 可通过下式求出:

$$K_{AgCl} = a_{Ag^+} \times a_{Cl^-} = 1.44 \times 10^{-9} \times 0.77 \times 0.1$$
$$= 1.11 \times 10^{-10}\,(\text{mol}^2 \cdot \text{L}^{-2})$$

(4) pH 值的测定。pH 值测定的标准方法采用氢电极。这时使用的氢的浓差电池可用下式表示:

Pt，H$_2$($p = 1$ atm) | H$^+$ ($a = x$) || H$^+$ ($a = 1$) | H$_2$($p = 1$)，Pt

该电池的右侧为标准氢电极,左侧为氢离子浓度未知的溶液。电动势用式(5-33)表示。

$$E = \frac{RT}{F} \ln \frac{1}{a_{H^+}} \tag{5-33}$$

25℃时,$E = -0.059\ 1 \times \log a_{H^+}$,将 pH $= -\log a_{H^+}$ 代入,得 $E = 0.059\ 1$pH。因此,通过测定电动势,可以求得未知溶液的 pH 值。一般用氢电极处理较麻烦,故采用玻璃电极。

(5) 电位差滴定法。制备适当的电池,通过测定其电动势,就能测定溶液中特定离子的浓度。因此利用该原理,就可以对溶液中被氧化或被还原的离子进行定量。用于该目的的测定法就是电位差滴定法(potentiometric titration)。

　　例如,用盐酸滴定氢氧化钠时,在 pH 值滴定用的电池中加入氢氧化钠,如果在逐步滴入盐酸的同时测定出电动势的变化,就可以得到 pH 值曲线。本方法可适用于用普通方法不易分析的溶液,包括稀溶液、带色溶液以及含氧化剂和还原剂的溶液等。

　　(6) 离子选择性电极。通常 pH 值测定用的玻璃电极的一端有一个玻璃小泡,内置 pH 值一定的溶液(如 $0.1\ mol \cdot L^{-1}$ 的盐酸),和氯化银电极浸入待测溶液中,测定其与另一个直接插入的待测溶液中的氯化银电极(或甘汞电极)两者之间的电位差。玻璃电极是一种膜电极。

　　这个膜电极上产生的电位与普通电极体系由电子授受反应产生的电位不同,由膜两侧溶液的离子的活度不同产生电位差即为膜电位。利用这样的膜电位选择性地感知溶液中特定的离子,并测定该离子浓度(准确地说是活度)的电极称为离子选择性电极(ion selective electrode)。

　　现在,除了玻璃电极还有多种多样的其他电极体系,包括以卤化银等难溶盐和氟化镧等单晶作为感应膜的固体膜电极,以及多孔膜中注入了液状离子交换膜的液体膜电极、气体感应电极、酶电极以及高分子膜电极等。

　　(7) 实用电池中的化学反应。下面给出最近常用的主要干电池中离子反应的例子。

　　经常使用的极常规普通干电池是锌锰电池,为不能充电的一次电池。该电池由正极侧的炭棒(与反应无关,发挥集流体的功能)和作为正极去极剂的二氧化锰、负极的锌以及作为电极质的氯化锌构成。与后述的碱性锌锰干电池相比较,该电池虽然容量较低,但具有短时间停止使用即可恢复电力输出的性质,并且价格便宜。这个电池内的反应如下式所示:

$$8MnO_2 + 8H_2O + ZnCl_2 + 4Zn \longrightarrow 8MnOOH + ZnCl_2 + 4Zn(OH)_2$$

　　碱性锌锰干电池(也可以简单称为碱性干电池),其构成是以石墨和二氧化锰为正极,锌为负极,氢氧化钾和氯化锌为电解液。因为与锌锰干电池相比该电池能量密度高,故可应用于需要连续大电流的各种便携式装置中。相应的电池反应如下:

$$Zn + 2OH^- \longrightarrow ZnO + H_2O + 2e^-$$

$$2MnO_2 + H_2O + 2e^- \longrightarrow Mn_2O_3 + 2OH^-$$

很多碱性干电池的化学反应是不可逆反应,不能充电。通过活性物质和干电池构造的改造,近年来已开发出可充放电的碱性干电池。但是,必须注意大部分厂家生产的碱性干电池是一次电池,禁止充电。如果对放电后的碱性干电池充电,电池内部产生气体,内压升高并发热,从而引起失火甚至爆裂。

锂离子电池是由电解质中的锂离子负责电导的二次电池。单位重量的能量密度高,可充放电。锂离子电池使用时(即放电中),在负极发生氧化反应(阳极(anode)反应),所以正极称为阴极(cathode),负极称为阳极。目前使用的锂离子电池,正极采用钴酸锂等锂金属氧化物,负极为石墨等炭材料,电解质中加入六氟磷酸锂($LiPF_6$)等锂盐的同时,为了保持高导电率和更高的安全性,采用碳酸乙烯酯($C_3H_4O_3$)等具有高沸点、高介电常数的环状碳酸酯($RO—C(=O)—OR'$,R,R':烷基)与低黏度的碳酸二乙酯($C_5H_{10}O_3$)等低级直链状碳酸酯的混合有机溶剂。图 5-2 所示为层压型锂离子二次电池的构造。

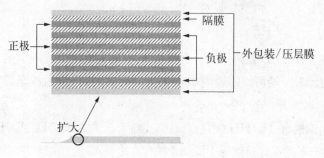

图 5-2　层压型锂离子二次电池的构造

例如,正极采用钴酸锂的电池,钴离子在放电过程中(电池使用中),Co^{4+}被还原成了 Co^{3+},充电时 Co^{3+} 被氧化成 Co^{4+},正极与负极发生如下反应:

正极　　　　　　　$LiCoO_2 \Longleftrightarrow Li_{1-x}CoO_2 + xLi^+ + xe^-$

负极　　　　　　　$xLi^+ + xe^- + C \Longleftrightarrow Li_xC$

锂离子电池利用其高能量密度,可用作移动体和电动汽车用电池。为了应对安全性、提高容量、急速充电和降低价格等需求,今后的研究开发将会围绕正极材料、负极材料、电解质以及全固态化等课题的解决而迅速推进。

第 6 章 典型元素

学习典型元素的性质及其生成的无机化合物。
从化学键和构造理解身边存在的无机化合物的特性。

6.1 氢(H)

自然界里存在的元素中,由一个质子和环绕质子运动的一个电子组成的氢是最简单的元素。氢可以通过电解水和石油裂解获得,作为汽车等清洁能源受到关注。

氢的同位素有 ^1H、^2H(D:氘)、^3H(T:氚),通常以 H_2、D_2、T_2、HD、HT、DT 等二原子的分子存在。自然界中同位素的存在度是,氘为 0.014 6%、氚为 $1/10^{17}$。

氢的化学性质如下:

(1) 失去一个电子变成阳离子:失去 1s 轨道的电子变成质子(H^+)。这样的质子只在放电管中存在,在固体中与其他的原子或分子结合。

(2) 得到一个电子变成阴离子(H^-):氢原子得到一个电子后,变成与 He 相同的 $1s^2$ 电子配置,形成 H^-。这样的阴离子只有在氢化钠等金属氢化物里才能见到。

(3) 通过电子对的耦合:许多氢的化合物是通过形成电子对来形成结合的,存在着众多的碳氢化合物。氢原子之间键合而成的氢分子没有极性,但与其他原子的键合($H-X$)都带有一定的极性。

金属氢化物的二次电池,可以作为镍镉电池的替代品。另外,使用固体电解质的燃料电池,是利用由氢气和氧气反应的电动势,作为绿色能源的优秀系统,今后在高效率产氢方面有所期望。

6.2 一族元素

在稀有气体闭壳层电子结构的外侧 s 轨道上带有一个电子的元素称为碱金属(alkaline metals),包括锂(Li)、钠(Na)、钾(K)、铷(Rb)、铯(Cs)、钫(Fr)。由于最外层的一个电子具有很低的离子化能,很容易生成一价的阳离子 M^+。

锂离子是本族元素中最小的,具有与 Mg^{2+} 相当的高电荷/半径的比率,因此锂的众多化合物表现出与其他一族元素不同的性质,更接近于镁化合物。

锂离子与小尺寸的阴离子形成的化合物盐,由于其高的晶格能所以非常稳定。另一方面,与大尺寸阴离子形成的盐由于不能得到致密的排列结构,稳定性差。氢化锂在 900℃时还很稳定,氢化钠在 350℃时就要分解。Li_3N 非常稳定,而 Na_3N 在 25℃ 就不能存在。碳酸锂比其他碱金属的碳酸盐更容易分解。

碱金属盐在水中的溶解性,在氢氧化物、碳酸盐、氟化物中按 Li＜Na＜K＜Rb＜Cs 的顺序增加。在碱金属对水的溶解性中,无水磷酸氢二钠(Na_2HPO_4)的溶解度随温度的上升而减小,这样的性质在碱金属盐中并不少见,在室温左右具有这样性质的物质还有 Li_2CO_3 和 $Li_2SO_4 \cdot H_2O$ 等。

除了在海水中,在南美的智利、阿根廷、玻利维亚、中国盐湖的水中,锂以溶解状态大量存在。负极使用金属锂的纽扣型一次性锂电池在电子器械中经常使用,还有阳极使用氟化石墨的氟化石墨锂电池和使用二氧化镁的二氧化镁锂电池,后者的电池使用更为广泛,其公称电压为 3 V。

与其他电池相比,输出密度更高、更容易小型化的锂离子二次电池,其作为电动汽车和混合动力车的电池,今后的需求会激增,开发竞争日趋激烈。在锂离子二次电池中,在非水电解质中的锂离子具有电传导功能,可以充放电。正极使用 $LiCoO_2$、$LiNiO_2$ 和 $LiMn_2O_4$ 等锂金属氧化物,负极使用石墨等碳素材料是主流,目前正在积极开发正极材料、负极材料和高安全性的电解质材料。

工业上重要的钠化合物有氯化钠(NaCl)、氢氧化钠(NaOH)、碳酸钠

（Na$_2$CO$_3$）等。氢氧化钠由碳酸钠与石灰乳（氢氧化钙（Ca(OH)$_2$）与水的乳化状混合物）的反应或者电解氯化钠水溶液合成。

$$Na_2CO_3 + Ca(OH)_2 \longrightarrow CaCO_3 + 2NaOH$$

$$2NaCl + H_2O \longrightarrow Cl_2 + 2NaOH + H_2$$

碳酸钠通过苏威（Solvay）法（苏打氨法），由浓盐水、氨和二氧化碳反应制备。

$$NaCl + CO_2 + NH_3 + H_2O \longrightarrow NaHCO_3 + NH_4Cl$$

$$2NaHCO_3 \longrightarrow Na_2CO_3 + H_2O + CO_2$$

碳酸钠通过水合反应以一水合物、七水合物、十水合物等方式析出，十水合物具有风化性，硫酸钠也具有风化性。

可充放电电池的开发
——解决能源问题

1980 年，以金属锂为负极活性材料的金属锂二次电池被开发，由于金属锂的高化学活性，装有这种电池的移动电话曾发生火灾事故。目前，常用的锂离子二次电池的开发研究已兴起，1980 年，古德伊纳夫（J. B. Goodenough）的贡献巨大。根据他关于采用锂过渡金属氧化物作为新型正极材料的建议，开发出了由正极用 LiCoO$_2$、负极用导电性塑料聚乙炔、非水电解质构成的锂离子二次电池，并随后进一步开发安全高效的电解质及负极材料，这方面研究至今还在继续。目前在锂离子二次电池的实用化方面，国内外众多研究者做出了贡献。这里还要特别提到日本旭化成工业公司的吉野彰前期的开拓性工作，他在 1983 年发现了使用有机电解质可以把聚乙炔用作负极材料，正极使用 LiCoO$_2$ 等锂过渡金属氧化物，就是现在的锂二次电池的原型。1985 年，开始采用碳材料电池作为负极，在电池的高容量化和高稳定性方面获得了成功。

由于廉价化的需要，正极材料从钴、镍等高价的稀有材料转变为锰，另外还涌现出了使用磷酸铁锂的电池。锂离子二次电池和马达材料一样作为电动汽车必需的构成部件，出现了资源问题。今后需要不断探索用于电池材料的新型物质。

图 6-1 所示的是称作 18-冠-6 的环状聚醚,是熟知的能与碱性金属离子形成稳定化合物的配体。该配体对 K$^+$ 具有选择性。这是由于这种聚醚环所围绕出的空间大小正好与 K$^+$ 的离子半径(1.33A)一致。

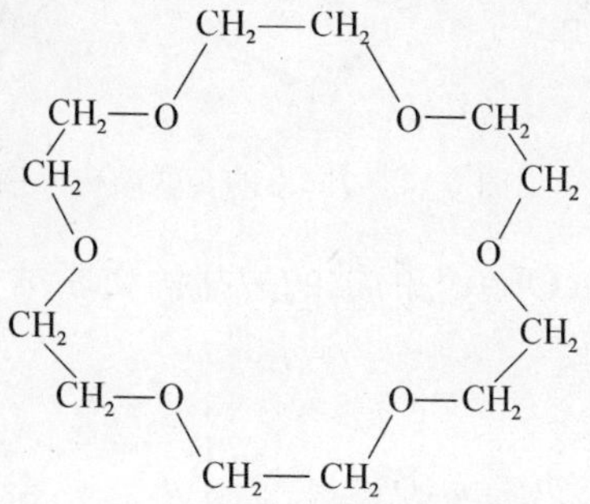

图 6-1　环状聚醚(18-冠-6)

6.3　二 族 元 素

二族金属包括铍(Be)、镁(Mg)、钙(Ca)、锶(Sr)、钡(Ba)、镭(Ra),除了 Be 和 Mg 外,二族金属被称为碱土金属。

二族元素由于有强烈的正电性,能生成二价阳离子。水中碱土金属盐的溶解性非常独特,碳酸盐非常难溶。氢氧化物的溶解性按 Be<Mg<Ca<Sr<Ba 的顺序增加,而硫酸盐和铬酸盐则表现出完全相反的倾向。氟化锶难溶于水,而其他卤化物和硝酸盐易溶于水。

6.3.1　铍(Be)

金属铍物体中的电子密度低,由于其电子波的吸收能力低,可用作 X 射线的窗口。铍原子半径小,又由于其离子化能和升华能高,即使通过晶格能和水合能也不能分离成 Be^{2+} 那样的电荷。

因此,在氧化铍(BeO)和氟化铍(BeF$_2$)中存在共价键。为形成-Be-那样的共价键必须有两个 2s 的电子。在 BeX$_2$ 的情况下,通过两个 sp 混合轨道的形成,变成 X-Be-X 的直线分子。这种直线分子中配位数为 2,而铍具有最高配位数达到 4 的倾向。例如,氯化铍($BeCl_2$)交联结构如图 6-2 所示。这时,铍取转角四面体结构,配位数为 4。

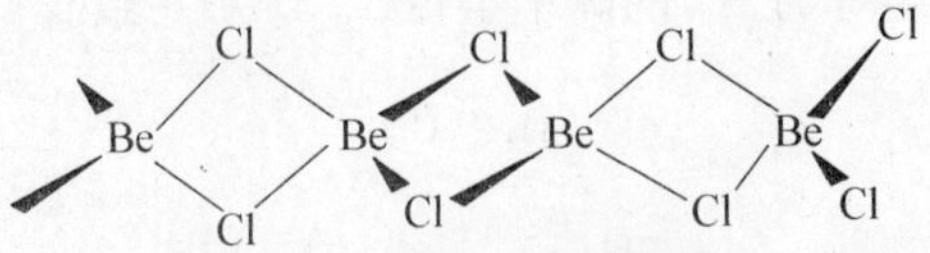

图 6-2 $BeCl_2$ 的交联结构

图 6-3 是诸如 $[Be(OR)_2]_n$ 的铍的醇盐的交联结构示意图。在这种情况下,铍的配位数取 3 或者 4。

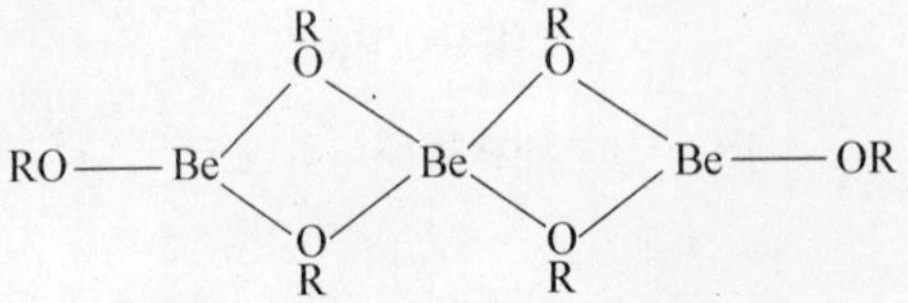

图 6-3 $[Be(OR)_2]_n$ 的交联结构

另外,取这种交联结构的还有已知的如 $[Be(CH_3)_2]_\infty$ 这样的带有电子缺陷的化合物。

6.3.2 镁(Mg)

镁也是有电子缺陷的化合物 $[Mg(CH_3)_2]_\infty$,与 $[Be(CH_3)_2]_\infty$ 一样取链状结构,已知的有机镁化合物具有在有机合成中重要的格式试剂(RMgX,R:有机基团;X:卤素)性质。

另外,镁金属及其合金由于其重量轻且强度高,同时又具有优异的耐腐蚀性,作为电子器械的机体等用途不断扩大。此外,大量存在于海水中的镁,可以利用太阳能提炼,也可以通过与高温水反应制备氢等,期待能成为循环利用的新能源的基础物质。

此外,镁离子由于其在二价离子中半径最小,如果能用作移动性良好的正极物质,尽管其电位比锂电池低,但由于二价离子的移动可以期待成为高电流密度的电池,今后作为新型电池的构成离子非常重要。镁离子二次电池的开发期待已久。

作为镁砂(氧化镁,MgO)原料之一的菱镁矿,与白云石一起成矿。大多数的镁,是海水中的 Mg^{2+} 与 $Ca(OH)_2$ 反应形成 $Mg(OH)_2$ 溶液沉淀合成的。镁具有典型的 NaCl 结构,如图 6-4 中所示的面心立方结构。

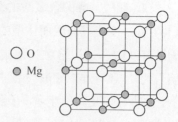

○ O
● Mg

图 6-4 镁(氧化镁)的晶体结构

6.3.3 钙(Ca)、锶(Sr)、钡(Ba)

含有钙的矿物质有石灰($CaCO_3$)、萤石(CaF_2)、磷灰石($Ca(PO_4)_3(F,Cl,OH)$)。水中氢氧化钙($Ca(OH)_2$)的溶解度随温度升高而降低。硫酸钙($CaSO_4 \cdot 2H_2O$)烧至 130℃,变成石膏粉,与水混合形成二水化合物固化后用于石膏制作。在水泥中大量使用氧化钙(CaO)。

自然界中锶主要以硫酸盐(天青石,$SrSO_4$)和碳酸盐(锶石,$SrCO_3$)存在。碳酸锶是重要的工业原料。

硫酸钡($BaSO_4$)对于 X 射线不透明,可以在胃中造影,常用于医疗检验。

碳酸钡($BaCO_3$)是电子部件中作为电容器介电材料大量使用的钛酸钡($BaTiO_3$)的主要原料。

氧化钙与氧化锶、氧化钡、氧化钛反应得到钙钛矿结构的 $Ba(Ca, Sr)TiO_3$,其烧结体具有强介电特性,被广泛用作电容器等电子材料。

6.4　13　族　元　素

6.4.1　硼(B)

由于硼的第一离子化能高,形成 B^{3+} 的能量不能从离子型化合物的晶格能或溶液中的离子水合能处得到补偿,硼化合物主要形成共价键。通常情况下,硼元素选择 $2s^2 2p$ 的电子配置,利用 sp^2 混合轨道形成 3 个 120° 的平面型共价键。

硼的单体有几个同位素,都是具有如图 6-5 所示的 B_{12} 的二十面体的基本结构。

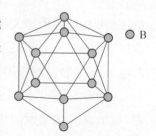

● B

图 6-5　B_{12} 的二十面体基本结构

(1) 硼酸。硼的含氧酸的分子式为 H_3BO_3，称作硼酸（$B(OH)_3$），加热至 130℃附近变成具有四面体型的 BO_4 结合的偏硼酸，进一步加热变成三氧化二硼酸（B_2O_3）。这种熔融物溶解金属氧化物变成以高硼硅为代表的硼酸盐玻璃。此外，还有连二硼酸（次硼酸，$B_2(OH)_4$）等各种聚硼酸。

(2) 硼烷及其衍生物。硼可以形成称作硼烷（borane，BH_3）的分子氢化物，主要有 B_2H_6、B_4H_{10}、B_9H_{15}、$B_{10}H_{14}$、$B_{20}H_{16}$ 等。B_2H_6 称作乙硼烷，沸点为 $-92.6℃$，气体可在空气中剧烈反应燃烧；加水分解，生成氢气和硼酸（$B(OH)_3$）。这种空气中的燃烧性随分子量的增加而降低。葵硼烷（$B_{10}H_{14}$）由乙硼烷加热至 100℃化合而成，其固体在空气中能稳定存在，与水反应也很缓慢。碳硼烷一般式为 $B_nH_n^{2-}$，是多面体的硼烷酸阴离子的 BH^- 被同等电子的 CH 置换后得到的物质。

(3) 硼化物。金属硼化物有 BaB_6、CaB_6、CoB、CrB_2、LaB_6、Nb_3B_2 等。这类硼化物熔点高、硬度大，具有金属一样的导电性。基于这样的性质，有望成为高温特殊结构材料及用作电气和电子材料。

金属硼化物的结晶结构，可以根据与硼原子有没有结合分为两类。一类是诸如 $M_4B \sim M_2B$ 的化合物，与硼原子相比，金属原子的组成比大，这类化合物中，与硼原子之间的结合看不到共价键，如具有类似于金属原子的六方最密排列的金属晶体的 Co_3B、Ni_3B、Re_3B 等。

另一方面，像 M_3B_2 那样随着硼原子的组成比增加，两个硼原子成对，硼原子之间存在共价键。这类化合物有 V_3B_2、Nb_3B_2 等。

金属与硼原子的组成比为 1∶1 的 MB 型化合物有 FeB、CoB、NiB 等，硼原子之间的结合是共价键。金属硼化物中硼原子的组成比进一步增大。在金属六合硼化物中，硼原子取 B_6 八面体结构，形成立体的硼原子晶格。这种由硼原子构成的晶体中其大的间隙里，充填 Ca、Sr、Ba 等碱土类金属离子，小的间隙里充填镧系元素和锕系元素的金属离子。特别是 LaB_6 系化合物，具有优异的电子释放特性，可以用作电子显微镜等的高辉度电子枪。

(4) 碳化硼（B_4C，$B_{13}C_2$，B_4C）。属于菱面体晶体，具有仅次于钻石的硬度，很早以前就开始用作研磨剂。硼的同位体元素 [10]B 由于其中子吸收截面积大，作为原子炉控制材料和屏蔽材料随着原子炉的发展用量不断增加。

（5）氮化硼（BN）。它是自然界里不存在的化合物。由周期表中 14 族的碳元素的两相邻元素组成的 13 - 15 族（Ⅲ - Ⅴ族）化合物，不像碳那样仅有共价键，其兼有共价键和离子键。

碳元素在常温常压下有稳定的六方晶系的石墨、富勒烯，碳纳米管等在高温高压下有稳定的立方晶系的钻石，像它们一样，氮化硼也有六方晶系（h - BN）、菱面体晶系（r - BN）、富勒烯型氮化硼、碳纳米管状氮化硼等常压相和立方晶系（c - BN）与尔茨矿型（w - BN）的高压相。

常压相的 h - BN 中，硼与氮原子之间牢固地结合成六角形面铺开，并以很宽的间隙层叠，由于层间以微弱的范德华力结合容易滑移。因此 h - BN 可以用作固体润滑剂。而平面间结合力强，通过晶格振动能很好地传热，在电绝缘体中表现出最高的热传导率。另一方面，热膨胀系数约为铝的 1/10，在烧结体中表现出最高的耐热冲击性。

高压相的 c - BN 是具有仅次于钻石的硬度和高热传导率的绝缘体。与钻石相比，其不与铁、镍等合金反应，已用作铁和钢的研磨材料，切削材料和散热基板等。

6.4.2　铝(Al)

铝是地球上丰富存在的金属元素，存在于长石、云母石等岩石中，矿石有矾土（$Al_2O_3 \cdot nH_2O$）和水晶石（$NaAlF_6$），作为轻金属在工业上得到广泛运用。另外，在铝的表面能形成坚硬的氧化物膜使其不易腐蚀。铝的表面通过电镀形成氧化膜称作阳极氧化。铝在稀酸中会溶解，而在浓硝酸中钝化。

（1）矾土（氧化铝，Al_2O_3）。以天然刚玉产出，含有微量氧化钛或氧化铁的不纯物为蓝宝石，含有氧化铬的为红宝石，作为宝石自古以来被熟知。由于非常坚硬，氧化铝常用作研磨剂。

作为氧化铝原料的粉末，是从矾土矿制作金属铝的过程中得到的氢氧化铝经过热处理合成的。同时，由于其具有电绝缘性、耐热性、耐磨性、热传导性等优异的性能，在各个领域得到应用，可以用作钠灯里透明性强的多晶烧结氧化铝、火花塞的结缘体（见图 6 - 6）和切削工具，也可用作发动机半导体集成电路的基板（见图 6 - 7）等。

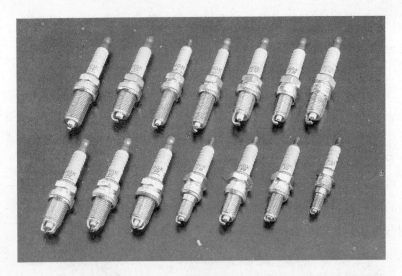

图 6-6　火花塞的结缘体

（日本特殊陶瓷株式会社　提供）

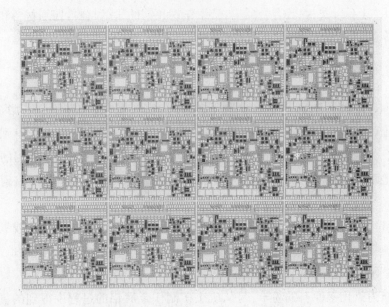

图 6-7　发动机用的半导体集成电路用基板

（NORITAKE CO. ,LIMITED　提供）

　　氧化铝及其水合物具有多态性,图 6-8 是氧化铝水合物加热脱水反应的
示意图。

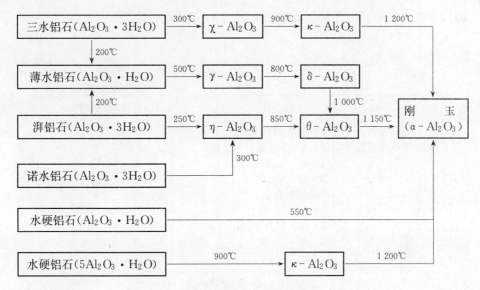

图 6-8　氧化铝(Al_2O_3)水合物加热脱水反应

$\alpha - Al_2O_3$ 的结晶具有刚玉结构,结晶结构如图 6-9 所示。氧化物离子六方最密集排列成的八面体结构的间隙的 2/3 被铝离子所占据。

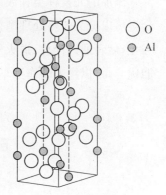

图 6-9　α-氧化铝(Al_2O_3)的刚玉结构

(2) 氮化铝(AlN)是绝缘体,也是高热传导体,其烧结体用作半导体集成电路(IC 或 LSI)的基板和箱体。铝的氮化,是通过氧化铝的还原氮化或气相法合成获得的。

氮化铝存在有如茨矿型和森锌矿型两种晶体结构,常压下如茨矿型结构更稳定。

氮化铝的带隙基准电压非常大,为 6.3 eV,作为绝缘体材料用作高效率的氮化镓(GaN)系蓝色发光二极管(LED)的氧化铝基板的缓冲层。

Al 和 N 分别被 Si 和 O 置换(AlN+SiO_2──→Si-Al-O-N)变成塞隆,有多种形态存在。塞隆的烧结体是熟知的耐热材料。

氮化铝是稳定的化合物,不溶于一般的酸和碱,与环境中的水分反应分解放出氨。

(3) 铝合金。在铝合金中,根据制造方法的不同可分为锻材和铸材(压

88

铸),其组成各异。铝及其合金的分类如图 6-10 所示。

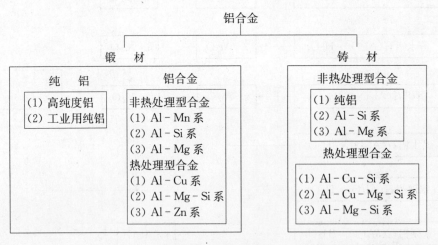

图 6-10 铝及其合金

添加的元素种类和数量直接影响到合金的强度和硬度及其耐腐蚀性。铝合金可以分为非热处理型合金和热处理型合金,前者可以通过机械加工进行强化,后者通过淬火、退火等热处理进行强化。由于其比重小、强度高、加工性能优异,可以用来制作汽车配件和窗扇等构造体。

6.5 14 族 元 素

6.5.1 碳(C)

碳的名字,来自拉丁语 carbo(木炭的意思),由有机物的不完全燃烧得到。自然界里存在 3 种碳的同位素,^{12}C(存在度 98.9%)、^{13}C(存在度 1.1%)、^{14}C(微量)。

碳元素具有通过单键、双键、三键结合成链状或环状结构的性质,这种相同元素之间的键合称为并置(catenation)。容易形成并置的元素,除了碳之外还有硫和硅,后两者的并置度要比碳低。碳键结合对热非常稳定,主要是由于 C-C 键具有高的结合能(356 kJ·mol^{-1})。

石墨、钻石、无定形碳作为同素异形体早为人所知,20 世纪后半叶以来,又发现了富勒烯、碳纳米管、石墨烯,它们作为新材料受到注目。

(1) 石墨(graphite)。它是由一个碳原子邻接三个碳原子的正三角形结合(sp² 混合轨道结合)的六角形网状结构重叠成层状结构而形成的六方晶系晶体(见图 6-11)。这种六角形网状层是以 ABABA 的规整排列重叠而成的,属于六方晶系。

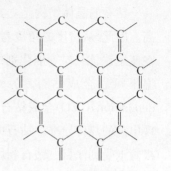

由于层间通过 π 电子的相互作用形成微弱的范德华力结合而成,层间容易滑移。石墨一般用作铅笔芯、润滑剂、滑动材料。

图 6-11　石墨的六角形网状结构

根据六角形层面的排列方向的方式和程度不同,有几种不同的微细结构。如图 6-12 所示,可以分为无序、面排列、轴排列、点排列的结构。

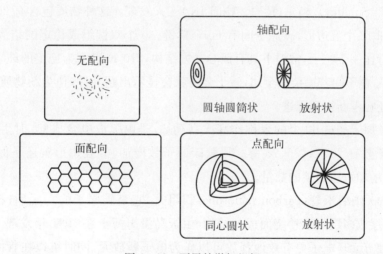

图 6-12　石墨的微细组织

石墨材料有活性炭和碳纤维,从干电池的电极到炼钢炉的电极、原子炉的结构材料等都用到它。比重小、强度高的碳纤维,除了用作钓鱼竿和高尔夫球拍外;充分利用其高比强度,作为新材料在飞机机体、汽车车体方面的应用也获得了进展。

(2) 钻石。它和石墨一样,是碳的同素异形体中的一种,碳原子之间的结

合和排列与 sp^2 杂化键构成的石墨不同,在四面体顶点的碳原子通过 sp^3 杂化键结合,物理和化学性质完全不同。

钻石的晶体结构是立方晶系,是六方结晶体。与石墨相比,钻石的密度要高。因此,从密度的角度考虑,要将石墨变成钻石必须要施加压力。工业上,在使用铁、铂、镍等催化剂的同时,对石墨施加 5 GPa 的压力,在 1 400℃的高温下可以合成钻石。另外,也可以通过化学气相成长法(chemical vapor deposition,CVD)合成钻石薄膜。钻石是所有物质中最硬的,而且纯的钻石表现出高的热传导率。钻石中掺杂氮和硼后变成半导体,用在高温下工作的二极管上受到注目。钻石利用其硬度可以用作研磨石和刀具。

六方晶体钻石(lonsdaleite)是在陨石中发现的少量存在并且非常细小的结晶体,推测比纯的钻石具有更高的硬度,其详细的性质还未知。

(3) 富勒烯(fullerene)。它是多个碳原子组成的簇的统称。由 60 个碳原子组成的足球形状的 C_{60} 富勒烯,1985 年由克鲁托(H. W. Kroto)、斯莫利(R. E. Smalley)、柯尔(R. F. Curl Jr.)三人发现。这种物质包含有 20 个六边形和 12 个五边形,碳原子间有 60 个单键、30 个双键组成稳定的结构。C_{60} 可以看作一个粒子,常温下具有面心立方结构,270 K 以下为稳定的纯立方结构。C_{60} 粒子间若掺杂碱金属,碱土金属就会显示出超导性,作为新物质,对其研究还在不断得到推进。

碳原子超过 60 个的簇称作高次富勒烯,是电弧放电合成 C_{60} 时生成的。碳原子数有 70、74、76、78 等。尽管碳原子数增加,但五边形碳还是保持 12 个,只增加六边形碳的数量。

(4) 碳纳米管(carbon nanotube,CNT)。它是碳原子的六元环(石墨烯片)单层或多层同轴卷绕而成的结构,由饭岛澄男博士在 1991 年发现。施加电场使五元环电子更有效地释放可以作为电子释放元,同时可以在管内导入其他元素改变能带结构,作为新型半导体元件受到注目。这种物质的应用研究是目前的一个热点。

(5) 石墨烯(graphene)。它是一种由碳原子以 sp^2 杂化轨道组成的只有一个碳原子厚度(0.38 nm)的片状结构材料,被看作奇异的物质,其命名来自英文的 graphite(石墨)与 ene(烯类结尾)。碳原子组成六角型呈蜂巢晶格的二维结构,碳原子之间的轨道距离约为 0.142 nm。前面所述的石墨,可以理解为由多层石墨烯片堆叠而成的。用透明胶带重复粘贴剥离铅笔芯的石墨薄片的双面，可以从碳原子层上剥离一个碳原子薄片。发现这种性质的英国曼切斯特大学的海姆教授（A. Geim）和诺沃肖洛夫（K. Novoselov）获得了 2010年诺贝尔物理学奖。

石墨烯是很好的导体，常温下电子迁移率是所有物质中最快的，比硅元素（硅晶体）中通过速度快 100 倍，能够承受大电流，由于其高电子迁移率、高热传导率和比钢高 100 倍的强度，以及具有透光性、磁性等特异性能它可作为新型电子-光学材料，被期待用作透明触摸屏、液晶显示器电极、太阳能电池、传感器等。此外，由于石墨烯具有半导体性质，故期待用作超高速晶体管，今后不仅局限于物理、化学的研究，而且作为新型材料的研究会不断受到关注。

（6）无定型碳（amorphous carbon）。它不是以六元环的网状结构成长，而是网状石墨杂乱堆积而成的碳的总称。微观上虽然是微小的石墨状结晶的集合体，但外观上似乎为无定型，故称作无定型碳。碳网状间的间隙要比石墨大，而比重则比石墨小。比表面积大的炭黑、活性炭等可以用作吸收剂、墨水、涂料、颜料等。

6.5.2　硅元素（硅：Si）

硅是地球的主要构成元素之一，在自然界，硅在硅酸盐矿物中以石英（SiO_2）形式存在，是仅次于氧的存在量最多的元素。SiO_2 是一个硅原子与4 个氧原子结合形成 $[SiO_4]$ 四面体的单元结构，其与在顶点的氧原子形成共价键连接而成巨大分子。

在常温、常压下稳定的硅结晶结构是钻石结构，具有 1.12 eV 的带隙半导体，这个大小的带隙在常温下可以利用，通过添加微量的硼元素和磷元素等杂质，使之变成 p 型半导体和 n 型半导体，是电子工业必不可少的半导体材料。

此外，硅元素化学键的特点，其可以利用 d 轨道形成多重结合。平面分子三氢硅胺（$N(SiH_3)_3$）的 Si－N 结合中，氮原子的满电子 $2p_z$ 轨道与硅原子的空电子的 $3d_{xz}$ 轨道重合，生成了具有 pπ－dπ 型双键性质的结合（见图 6－13）。

单晶体硅，作为半导体材料利用的是单晶硅片。高纯度硅合成方法之一为带域融解法（floating-zone，FZ），将铸造而成的硅棒的一端加热，杂质会向融

图 6-13　三氢硅胺中的 Si-N 结合

解部分浓缩,利用此性质,通过融解部分沿着硅棒移动将杂质向另一端浓缩的方法进行精制。另外,还有从熔融物向上提拉单晶的切克劳斯基法(Czochralski,CZ)等。

使用硅半导体元件的太阳能电池时,太阳光的光电直接转换效率是单晶硅为 15%,多晶硅为 12%左右,要与常规的发电方法相对抗,价格的削减是最重要的课题,为此正在研究使用无定型硅等方法。

(1) 有机硅(silicone)。Si-C 键尽管没有像 C-C 键那样高,也具有高的结合能。因此,$Si(C_6H_5)_4$ 等四烷基和芳基对热非常稳定。Si-C 键比 C-C 键表示出更高的反应性,这是起因于 $Si^{\delta+}-C^{\delta-}$ 键的极性,由于该极性使硅原子更容易受到亲核攻击。

金属硅与氯甲烷在铜催化剂的作用下于 300℃发生反应,生成二甲基二氯硅烷。这种硅烷,是由 $SiCl_4$ 的格氏法反应得到的硅烷氯化盐。这种氯化物很容易水解,生成的硅醇中间体(R_3SiOH,$R_2Si(OH)_2$,$RSi(OH)_3$)经脱水缩合得到 Si-O-Si 结合的硅氧烷(siloxane)。这种聚合体根据加水分解的条件不同,可以得到直线型、环状、分枝架桥型等结构。

这些由硅氧基结合为主体骨架的高分子化合物统称为有机硅。有机硅是由有机硅氧烷为基本组成单元加上氧的加入连接而形成的结构,图 6-14 所示是一种有机硅的例子。

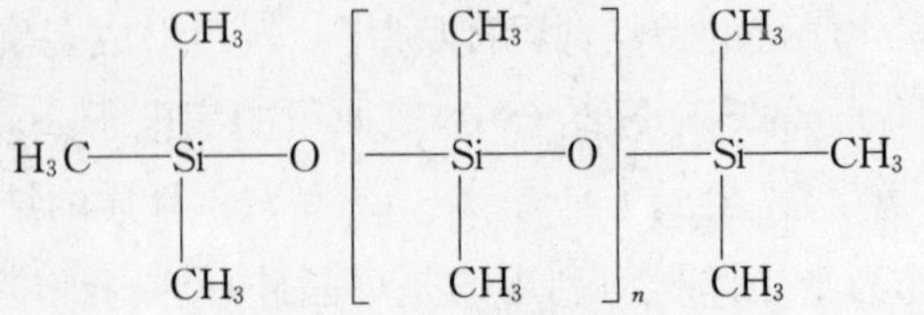

图 6-14　有机硅的例子

有机硅与相当碳骨架构成的高分子相比,由于其耐热性、耐油性、耐氧化性高,又是绝缘体,可以用作表面张力小的不燃性油料、油脂、消泡剂、化妆品、橡胶等医疗器材。

(2) 二氧化硅(SiO_2)。它是地壳构成物质中最多的成分。纯的二氧化硅组成的矿物质是水晶,而大多是以硅酸盐的形式存在。主要的二氧化硅矿物质中有石英和非晶二氧化硅。低结晶和非晶二氧化硅的合成法有湿式法和干式法。湿式法有硅酸钠加水分解后再脱水的方法和硅醇盐加水分解后加热合成的溶胶凝胶法。干式法中有四氯化硅在水和氧存在的条件下加热合成的方法。二氧化硅以石英、鳞石英、方石英、柯石英、斯石英等多种形式存在。常压下为 α 石英、573℃下转化为 β 石英、867℃下转化为 β 鳞石英(高温型)、1 470℃下转化为 β 方石英(高温型),1 713℃下融解。

① 石英(quartz)。常温常压下为稳定的 α 石英(低温型),[SiO_4]四面体共有顶点,c 轴方向为螺旋状结合的结构,具有三方螺旋轴,属于三方晶系。其中,无色透明的称为水晶(rock crystal),具有六角柱状的为自结晶结构。水晶具有优异的压电性质,自古以来作为振动子被视作重宝。水晶表就是使用水晶发振子正确计时的钟表。

α 石英在 1 大气压下、573℃以上转化为稳定的 β 石英(高温型)。β 石英和 α 石英结构非常相似,Si - O - Si 结合角不同,具有六方螺旋轴,属于六方晶系。

高品质的人工水晶,可以通过模拟天然生成的条件,在转变温度为 573℃以下,使用高温的密闭耐压容器的水热合成法制备。

② 鳞石英(tridymite)。β 石英在 870℃下转变为鳞石英,其结构为[SiO_4]四面体形成的二元层在 c 轴方向堆积,氧原子以六方最密排列,属于六方晶系。

③ 方石英(cristobalite)。高温下,[SiO_4]四面体形成的二元层堆积,氧原子以对称性高的立方最密排列的结构,常压、250℃以下变成正方结构,骨架中四面体变成倾斜的结构。这种相转移称为 α - β 转移。

④ 柯石英(coesite)。其是二氧化硅矿物质中高压相的一种,4 个[SiO_4]四面体构成环,环与环相互连接,属于单斜晶系。最初由科斯(L. Coes)在高温高压下合成,后来在天坑的陨石中被发现,证明其天然存在。

⑤ 斯石英(stishovite)。石英是在 10 GPa(100 kba)压力、1 200℃温度下处理生成的晶体,晶体结构为金红石相,硅原子与 6 个氧原子配位。它由斯基绍夫(S. M. Stishov)发现。

⑥ 凯石英(keatite)。以准稳定相存在。

⑦ 蛋白石(opal)。其为人们所熟知的宝石中的一种,是低结晶性的水合二氧化硅($SiO_2 \cdot nH_2O$)矿物质,在日本名为澹泊,是亚微米级的微细球状粒子的集合体。

常温下稳定存在的只有 α 石英,其在 573℃下转化为 β 石英。这种相转移前后的晶体结构基本不变,只是[SiO_4]四面体互相的结合角发生变化,是变位型的相转移。另一方面,石英⇆鳞石英、鳞石英⇆方石英、石英⇆斯石英之间的相转移,相转移前后[SiO_4]四面体的配列式样都不同,是再编型相转移。柯石英⇆斯石英的相转移中硅原子的配位数都发生了变化。

二氧化硅对氯、氢、酸以及绝大部分金属而言都是惰性的,但会受到氟、氢氟酸、氢氧化碱和融解碳酸盐的侵蚀。二氧化硅凝胶自古以来作为干燥剂使用。作为这些材料的先进应用领域,人工水晶现在已经成为通信器材中不可缺少的发振子。同时,二氧化硅玻璃由于其低的膨胀率和高的紫外线透过率,已用来制作 IC 的光罩。此外,二氧化硅膜具有高的绝缘性和高的耐化学性,在硅器件制造中承担着不可缺少的角色。

(3) 硅酸盐(silivate)。硅酸盐晶体中,硅原子由 4 个氧原子环绕构成[SiO_4]四面体结构为基本单元,根据四面体的连接方式,有单独、对、簇、环状、链状、双链状、层状(二维片状)、三维网状等各种各样的骨架结构,有邻硅酸离子(SiO_4^{4-})、焦硅酸离子($Si_2O_7^{6-}$)。环状硅酸离子有 $Si_3O_9^{6-}$ 和 $Si_6O_{18}^{12-}$。辉石类的硅酸盐矿物中,[SiO_4]四面体中的两个氧原子为相邻的四面体共有,剩下的两个氧原子变成阴离子,形成一维链状骨架(SiO_3^{2-})$_n$。角石类硅酸盐矿物中,形成线状双链骨架($Si_4O_{11}^{6-}$)$_n$。云母晶体和黏土矿物等具有层状结构的晶体中,每个四面体中的 3 个氧原子与相邻的四面体共有,四面体相连接形成二维网状结构。残存的氧形成阴离子,与层间的阳离子结合形成晶体。在石英晶体中,[SiO_4]四面体中的所有氧原子均为共有,形成三位网状结构。硅原子的一部分被铝、硼、磷和钛等迁移金属原子置换的铝酸离子等可以看作是硅酸离子的一种类型。图 6-15 给出了线状和环状硅酸离子的结构。

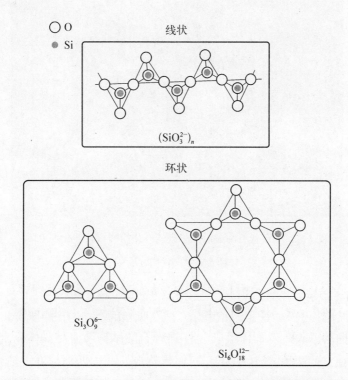

图 6-15　线状：$(SiO_3^{2-})_n$ 和环状：$Si_3O_9^{6-}$，$Si_6O_{18}^{12-}$ 的硅酸离子

　　地球的地幔和地壳主要由硅酸盐构成，是水泥制品的重要原料。此外，在地表附近，诸如浮游生物等也参与了硅酸盐的生成。例如，浮游生物的一种硅藻土（硅藻），生成硅酸盐地壳。

　　硅酸钙（$CaSiO_3$），作为硅灰石天然产出，存在多种化合物，作为地脚螺栓水泥的主要成分，工业上有硅酸二钙（Ca_2SiO_4）和硅酸三钙（Ca_3SiO_5）。这些化合物都可以由碳酸钙与无水硅酸盐固相反应合成而得。

　　以 $Mg_2Al_4Si_5O_8$ 组成式表示的董青石（cordierite），由于其具有低的热膨胀率而受到注目。这种低膨胀性是由于硅酸盐具有层间隙间诸多的环状和三维网状结构的特殊性质，源于 $[(Si,Al)O_4]$ 四面体中的 $(Si,Al)-O$ 键结合力强和 $Mg-O$ 键在结构上可以吸收热膨胀。利用这种特征制作的多孔性热冲击材料，已经用作汽车废气净化用蜂窝状催化剂单体（见图 6-16）。

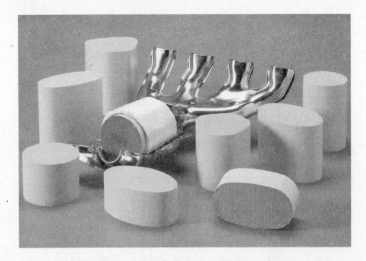

图 6-16 董青石制成的汽车废气净化用蜂窝状催化剂单体

(日本碍子株式会社 提供)

锂辉石(spodumene),用 LiAl(SiO$_3$)$_2$ 表示,日语名为氧化锂辉石。锂辉石有 α 型和 β 型。α 型晶体结构是由在 c 轴方向链接的[SiO$_4$]四面体、[AlO$_6$]六面体和扭曲的[LiO$_6$]八面体组成。β-锂辉石的结构与 α 型晶体完全不同,由结晶学上独立的两种[(Si,Al)O$_4$]四面体构成。一种四面体在 c 轴方向四次螺旋链接,另一个四面体直接链接。由于硅原子和铝原子的排列是无序的,由四面体形成五、七、八元环,环的孔内有锂离子嵌入。β-锂辉石的烧结温度范围比董青石要窄,形成致密的烧结体非常困难。灯笼石(LiAlSi$_4$O$_{10}$)里添加高岭土和氧化铝一起烧结,可以制成含有 β-锂辉石以外的复合体。这种材料具有耐热冲击性,可以作为玻璃水泥用于制作厨房用具和耐热透明容器。

沸石(zeolite),是硅酸铝的一种,既有天然存在,也可以人工合成。沸石中[SiO$_4$]四面体结构是通过共有氧原子连接而成的骨架中的一部分被[AlO$_4$]四面体置换而成的,这种骨架中有分子可以出入的间隙(见图 6-17)。

沸石的组成式一般用 M$_{x/n}$[(AlO$_2$)$_x$(SiO$_2$)$_y$]·zH$_2$O 来表示。这里 n 是金属阳离子 M^{n+} 的电荷。M^{n+} 有钠离子、钾离子、钙离子,水合分子数(z)取各种数字。结构中分子出入可能的间隙的大小,取决于

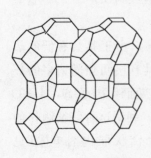

图 6-17 沸石的结构

形成晶格的硅元素和铝元素相连接的氧原子环的氧原子数量。

沸石的氧原子环,根据种类有四、五、六、八、十和十二环,根据环的数来决定细孔径的大小,孔径在 0.2~1 nm 的范围内变化。根据细孔径大小的不同可以分离不同大小的分子,可以用作分子筛。沸石中的阳离子容易被交换,其交换容量比普通的离子交换树脂要大,而且具有被称作离子筛效果的选择性。沸石具有吸附剂和选择性催化剂的功能,其用途非常广泛。

(4) 氮化硅(Si_3N_4)。它是自然界中不存在的化合物,1896 年在德国成功合成,现在工业上用硅元素直接氮化法大量生产。氮化硅有 α 型和 β 型两种,都属于六方晶系。氮化硅的结构中,有硅原子与 4 个氮原子配位和氮原子与 3 个硅原子配位的基本结构。β-Si_3N_4 和 α-Si_3N_4 晶体的基本结构

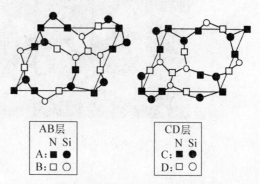

图 6-18　氮化硅基本结构中氮、硅原子的位置

如图 6-18 所示。β 型的场合下取 AB 层重叠的结构,α 型的场合下取 AB 层和 CD 层交替重叠的结构。

α 型加热到 1 400℃变成 β 型。氮化硅中共价键强,为能使之高温挥发分解,大气压下致密烧结需要用到烧结助剂。烧结助剂主要为氧化铝(Al_2O_3),在这种情况下,硅原子的一部分被铝原子置换、氮原子的一部分被氧原子置换而形成固溶体。这种固溶体构成元素(Si-Al-O-N)粘在一起称作塞隆(sialon)。具有 β-Si_3N_4 结构的称作 β-塞隆,具有 α-Si_3N_4 结构的称作 α-塞隆。

由于氮化硅具有优异的耐腐蚀性、耐氧化性、耐磨损性,可以用作轴承等机械部件(见图 6-19)。塞隆具有氮化硅的基本性能外,与氮化硅的烧结体相比,高温下的机械强度、耐热冲击性、耐磨损性、耐腐蚀性等更优异。

(5) 碳化硅(silicon carbide,SiC)。碳化硅化合物在陨石中被少量发现,由莫桑(H. Moissan)成功合成,矿物名为莫桑石。19 世纪工业化的商品名又称"绿色碳化硅"。Si 和 C 都属于元素周期表的 14 族,原则上都具有共价键特性,根据电负性的差异带有离子性。

碳化硅的晶体结构为:正四面体的 4 个顶点是硅原子或碳原子,在重心位

图 6-19　氮化硅制球轴承

（日本碍子株式会社　提供）

置配置碳原子或硅原子的四面体堆积可以形成碳化硅晶体。正四面体在平面上排列可以形成网面。这种网面有几种堆积方式，从而导致碳化硅有立方晶、六方晶、菱面体晶等多种结晶形式（poly-type）。

网面每两层重复结晶是由于其具有六方晶（hexagonal）系的对称性，称作 2H 型。除此之外，属于六方晶系的还有 4H、6H、8H、10H。

网面中三层为一周期的层叠结构，其具有六方晶（cubic）系的对称性，称为 3C 型。这种结构，网面可看作立方晶的（111）面，可以认为是以 Si(0, 0, 0) 和 C(1/4, 1/4, 1/4) 与原点的两个面心立方晶格相互贯穿的结构。

抓住立方体的顶点拉伸可以变成菱面体，具有由 6 枚菱形围绕而成的菱面体（rhombohedral）晶体的对称性的 15R 型有多种形状。这种晶体的网面以 15、21、27 等奇数的 3 倍的周期层叠。

碳化硅由于具有优异的硬度、耐热性、化学稳定性，可用作研磨剂、耐火材料、精细陶瓷等，近年来作为收集柴油车尾气粉尘用的滤网，其用途得到快速拓展。另外，其又是比单晶硅具有更大带隙的半导体，可作为高温发热体，最近已用作电子元件和大功率逆变器半导体。

电子工业用的高纯度结构可控碳化硅晶体，可以用化学蒸汽气相法合成。

作为研磨剂等大量制备的工业方法,19 世纪末以来,以硅石和石墨粉为原料的石墨电极,用碳包覆,通过电极通电发热反应($SiO_2 + 3C \longrightarrow SiC + 2CO$),但此方法需要大量的电力。

6.5.3 锗(Ge)、锡(Sn)、铅(Pb)

锗是具有金刚石结构的半导体,化合物有 GeF_2 和 $GeCl_2$ 的卤化物及 GeO_2 等氧化物。

锡有灰色锡和白色锡两种,主要矿山里有锡石(SnO_2)和黄锡矿(Cu_2FeSnS_4)。灰色锡具有金刚石的结构,在零下数十度由白色锡转变而成。

锡的氧化物有 SnO 和 SnO_2。SnO 的固体不稳定,而 SnO_2 是正方晶金红石型结构的稳定离子型晶体。添加微量氧化锑的氧化锡在玻璃上制膜,可以制得透明导电膜,命名为"Nesaglass"的透明导电膜已在美国商用开发成功,被用来制作透明电极、防静电膜和红外线反射膜。

另外,SnO_2 是 n 型半导体,具有吸附氢和烃等还原性气体分子以改变导电性的特性。利用这个特性,作为可燃性气体(氢、一氧化碳、甲烷、乙烷、丁烷等)泄漏警报器的传感器元件被广泛使用。

铅在自然界中以方铅矿的形式存在。自古以来用作颜料、香粉、铅笔芯等,自从知道对人体有毒后已停止使用了。铅蓄电池作为高容量电池用来作汽车的电池。此外,铅具有高的密度,已用作 X 射线和 γ 射线等放射线的屏蔽材料。Pb^{2+} 的盐大多数不溶于水,而硝酸铅($Pb(NO_3)_2$)和 $[Pb(CH_3COO)_2 \cdot 3H_2O]$ 易溶于水。

如表 6-1 所示,铅存在有多种氧化物。PbO_2 具有金红石晶体结构,而其他氧化物具有复杂的晶体结构。

表 6-1 铅的氧化物

化学式	颜色	化学式	颜色
$\alpha - PbO$	橙红色	Pb_2O_3	橙黄色
$\beta - PbO$	黄色	PbO_2	褐色
Pb_3O_4	红色		

6.6 15 族 元 素

6.6.1 氮(N)

氮(N_2)为气体,在空气中以 78% 的比例存在。氮可以通过液化空气分离而得。由于在通常情况下,氮气含有少量氩气,需要纯的氮气时,可以通过热分解叠氮化钠和叠氮化钙制备。

氮气是以三键链接的等核二原子分子,常温下是惰性的。金属锂与氮气在常温下容易反应,如下式所示生成氮化锂(Li_3N)。因此,金属锂若放置在空气中,与氢氧化锂相比,更容易生成氮化锂。此外,氮在高温下与碱土类金属也会发生反应。

$$6Li + N_2 \longrightarrow 2Li_3N$$

(1) 氨(NH_3)。工业上采用熟知的哈博法制作氨。反应式如下式所示,该反应的催化剂为 α 铁。

$$N_2(g) + 3H_2(g) \longrightarrow 2NH_3(g)$$

氨的沸点为 $-33.35℃$,是有刺鼻气味的无色气体。液态的氨与水相似,由强的氢键结合而成。在沸点下的介电常数高达 22,是具有如下式所示的自己解离离子特性的溶剂,比水更容易溶解有机物和无机物。

$$2NH_3 = NH_4^+ + NH_2^-$$

$$K_{-50} = [NH_4^+][NH_2^-] = 10^{-30}(mol^2 \cdot L^{-2})$$

液体的氨可以对溶解阳离子性强的金属着色,特别是能很好地溶解碱金属。无论何种金属,其溶解时的颜色都一样,稀的溶液为蓝色,浓的溶液显示为青铜色。此外,碱金属的氨溶液显示出强的还原性。

(2) 肼、胲、叠氮化物。

肼(N_2H_4)可以看作是氨的一个氢原子被 $-NH_2$ 基置换而得的物质。无水肼的熔点为 $2℃$、沸点为 $114℃$,是可燃性、还原性的无色液体,其发火点为 $52℃$,与氧化铁(Ⅲ)反应在室温下起火。肼可以用氨对次氯酸钠($NaClO$)进

行氧化的方法合成,这种方法称为拉西(Raschig)法,由下式所示的两个阶段反应组成:

$$NH_3 + NaClO \longrightarrow NaOH + NH_2Cl \quad (快速)$$

$$NH_3 + NH_2Cl + NaOH \longrightarrow N_2H_4 + NaCl + H_2O$$

为了得到大量的肼,必须添加明胶。其原因在于,第二段的反应与下式所示的反应竞争,用明胶可以隔离该竞争反应中具有催化作用的重金属。通常,水中若含有微量的铜,就会妨碍肼的生成:

$$2NH_2Cl + N_2H_4 \longrightarrow N_2 + 2NH_4Cl$$

胲(NH_2OH)是氨的一个氢原子被羟基置换而得的物质,碱性比氨弱。胲的熔点为 33℃,是无色的不稳定固体,可以用作水溶液和[NH_3OH]Cl、[NH_3OH]$_2SO_4$ 等盐的还原剂。

叠氮化钠(NaH_3)是叠氮化物的一种,175℃下按下式所示的反应合成而得:

$$3NaNH_2 + NaNO_3 \longrightarrow NaN_3 + 3NaOH + NH_3$$

以叠氮化钠为首,重金属的叠氮化物具有爆炸性。

(3) 氮的氧化物和氧酸。

一氧化二氮(N_2O),又被称作亚氧化氮,由硝酸铵热分解生成。

$$NH_4NO_3 \xrightarrow{250℃} N_2O + 2H_2O$$

一氧化二氮具有 N－H－O 的直线型分子结构,加热分解成 N_2 和 O_2,具有麻醉作用,嗅到这种气体后,脸会变得像在笑,所以称为笑气。

一氧化氮(NO)由硝酸、硝酸盐、亚硝酸盐等水溶液的还原反应生成。例如,浓硝酸与铜的反应式如下所示:

$$2Cu + 8HNO_3 \longrightarrow 3Cu(NO_3)_2 + 4H_2O + 2NO·$$

一氧化氮与氧气反应立即变成二氧化氮(NO_2)。NO 分子在高压下,按下式所示分解:

$$3NO \longrightarrow N_2O + NO_2$$

此外,一氧化氮气体也显示出顺磁性,π 轨道的电子容易放出,变成亚硝基(NO^+)离子。这种情况下,失去电子的是反键轨道,在 NO^+ 中 $N-O$ 键比 NO 中的键要强,键距更短。

二氧化氮及其二聚体四氧化二氮(N_2O_4)在溶液和气体状态下保持下式所示的平衡状态:

$$2NO_2 \rightleftharpoons N_2O_4$$
$$\text{褐色(顺磁性)} \qquad \text{无色(抗磁性)}$$

二氧化氮固体状态下均为二聚体。二氧化氮和四氧化二氮的混合物由金属硝酸盐的加热或硝酸和硝酸盐的还原得到,气体有毒,侵蚀金属,与水反应生成硝酸和亚硝酸。此外,还是强的氧化剂。

$$N_2O_4(g) + 2H^+(aq) + 2e^- \longrightarrow 2HNO_2(aq)$$

五氧化二氮(N_2O_5)可以由硝酸与五氧化二磷反应获得。

$$2HNO_3 + P_2O_5 \Longrightarrow 2HPO_3 + N_2O_5$$

五氧化二氮是硝酸的酸无水物,固体状态下变成硝酸丁腈($NO_2^+ NO_3^-$)。

氮的氧酸中,有次亚硝酸($H_2N_2O_2$)、亚硝酸(HNO_2)、硝酸(HNO_3)。

次亚硝酸的单量体(NOH)不能稳定存在,以 $HON=NOH$ 的形式存在。亚硝酸的水溶液(pK_a 为 3.3)是弱酸,加热迅速分解。

$$3HNO_2 \longrightarrow HNO_3 + 2NO + H_2O$$

硝酸的工业制法有奥斯特瓦尔德(Ostwald)法,用铂金作为催化剂,由氨合成而得。

$$4NH_3 + 5O_2 \longrightarrow 4NO + 6H_2O$$

$$2NO + O_2 \longrightarrow 2NO_2$$

$$3NO_2 + H_2O \longrightarrow 2HNO_3$$

硝酸是强酸(pK_a 为 -1.32),也是强氧化剂。

6.6.2 磷(P)

磷可以在电炉内将磷酸盐矿石与硅砂和焦炭一起加热至 1 300～1 450℃

下还原获得。

$$2Ca_3(PO_4)_2 + 6SiO_2 + 10C \longrightarrow P_4 + 6CaSiO_3 + CO$$

虽然磷有很多的异形体,基本的同素异形体有红磷、黑磷、白磷(黄磷)3 种。上式所示的反应生成的是白磷(P_4),具有毒性,由于放置在空气中会与氧反应起火,必须保存在水中。红磷与紫磷相似,与黑磷一样无毒,在空气中稳定。红磷用于制作火柴。白磷的分子结构 P 占据四面体的各顶点,与正四面体结构($109°28'$)相比,$\angle PPP = 60°$,被扭曲,不稳定,具有剧烈的反应性。另一方面,如图 6-20 所示,黑磷具有层状结构,$\angle PPP = 102°$,没有被扭曲,结构稳定。

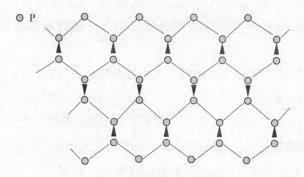

图 6-20 黑磷的结构

(1) **磷化物(NH_3)。**磷在高温下具有非常高的反应性,几乎能与所有的金属反应生成磷化物。其中重要的化合物是 13～15 族(Ⅲ-Ⅴ)的半导体。AlP 和 GaP 的 13～15 族(Ⅲ-Ⅴ)半导体在以 GaN 为基础的发光二极管(light emitting diode,LED)等中实现了实用化。13～15 族半导体磷化物(BP、AlP、GaP 和 InP)晶体结构为立方晶的闪锌矿型。

磷化物可作为提高金属材料的耐腐蚀性、可加工性和强度的有效成分。特别是铌、钽、钨的磷化物在高温下具有优异的耐酸性。此外,二磷化三锌(Zn_3P_2)作为光伏元件的材料受到关注。

(2) **磷的氧化物、硫化物、卤化物。**磷的氧化物有 P_4O_6 和 P_4O_{10}。通常称作五氧化磷的物质,其正确的分子式是 $P_4O_{10} \cdot P_4O_6$,是磷在氧气不足的情况下燃烧获得的。而 P_4O_{10} 是在氧气过剩的条件下燃烧得到的。图 6-21 给出了这些分子的结构,两者都有同素异构体。P_4O_{10} 经常用作干燥剂,与水反应

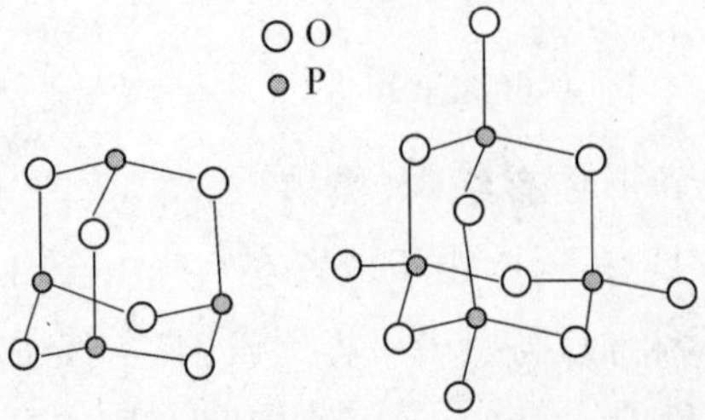

图 6-21　P_4O_6 与 P_4O_{10} 的分子结构

变成磷酸。

磷的硫化物有 P_4S_3、P_4S_5、P_4S_7、P_4S_{10} 等,这些物质由红磷与硫磺加热反应得到。P_4S_3 用于制作火柴,P_4S_{10} 具有和 P_4O_{10} 相同的结构。

磷的卤化物有三卤化物和五卤化物。磷与卤素反应时,过量的磷反应时生成三卤化物。相反,过量的卤素反应时生成五卤化物。三卤化物具有挥发性,遇水发生剧烈分解反应。三氟化磷(PF_3)可以由三氯化磷(PCl_3)氟化合成而得,与其他卤化物不同,在水中只能缓慢分解,而遇碱会发生剧烈分解反应。三氯化磷和水剧烈反应生成磷酸。

磷酰氯($POCl_3$)是卤化磷中具有代表性的物质,可以用作金属氯化物的溶剂以及轻度氯化剂。

(3) 磷的氧酸。如表 6-2 所示,磷有多种氧酸。膦酸是由三氯化磷和五氧化磷加水分解而得的无色潮解性固体。磷酸是三元酸,在 25℃ 下,具有 $pK_1 = 2.15$,$pK_2 = 7.1$,$pK_3 = 12.4$ 这 3 个解离系数。磷酸离子(PO_4^{3-})是正四面体,通过氧的交联结构缩聚合,形成聚合阴离子。如果是直线型,称为聚磷酸离子;如果是环状结构,称为偏磷酸离子。磷酸盐可以用作肥料。

表 6-2　磷的氧酸

分　类	名　　称	组成式
单核氧酸	膦酸(次亚磷酸)	H_3PO_2
	膦酸(亚磷酸)	H_3PO_3
	膦酸	H_3PO_4
	过氧磷酸	H_3PO_5
缩合膦酸 聚合膦酸	焦膦酸	$H_4P_2O_7$
	三膦酸	$H_5P_3O_{10}$
	四膦酸	$H_6P_4O_{13}$
环磷酸	三偏磷酸	$H_3P_3O_9$
	四偏磷酸	$H_4P_4O_{12}$

6.6.3　砷(As)、锑(Sb)

砷是灰色的金属性晶体,具有与黑磷相似的层状结构。化合物中砷的氧化数以Ⅲ居多,而Ⅴ很少。氧化数为Ⅲ的以 As_4O_6 为人熟知。硫化物中,有具有层状结构的 As_2S_3,这种硫化物的气体变成 As_4S_6,其具有与 P_4O_6 相同的结构。

锑是具有银白色光泽的金属性晶体,结构与灰色砷相同。存在氧化数为Ⅲ和Ⅴ的氧化物。五氟化锑(SbF_5)是黏性的液体,通过氟的连接形成聚合体,形成超强酸。

6.6.4　铋(Bi)

铋是发红的灰色晶体,具有和砷、锑相同的结构,可以用作低熔点合金的成分,熔点为 271.3℃,溶解时体积减小。

氧化铋(Bi_2O_3)存在有低温稳定相的单斜晶系的 α 相、高温稳定相的立方晶系的 δ 相、亚稳相的正方晶系的 β 相与体心立方晶系的 γ 相 4 种多态性结构。δ 相如

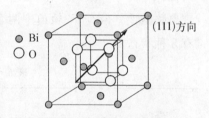

图 6-22　$\delta-Bi_2O_3$ 的结构(空穴在(111)方向)

图 6-22 所示,铋原子按面心立方排列,内部 8 个氧原子位置中的两个是空位的缺陷萤石结构。正是由于氧原子空穴的存在故表现出高的氧离子传导性。

铋的层状结构氧化物一般可以表述为 $(Bi_2O_2)^{2+}(A_{m-1}B_mO_{3m+1})^{2-}$(A 为 Bi,Pb,Ba,Sr,稀土等,B 为 Ti,Nb,Ta,W,Mo 等,m 是 1～5 的整数)。$(Bi_2O_2)^{2+}$ 层与 $(A_{m-1}B_mO_{3m+1})^{2-}$ 层类似于钙钛矿的层的堆积。图 6-23 列举了 $Bi_2PbNb_2O_9$ 的结构。由于其具有强介电性和压电性,作为介电材料和压电材料受到注目。此外,还可以用作粒界绝缘型半导体电容器和氧化锌压敏电阻等半导体材料的添加物。

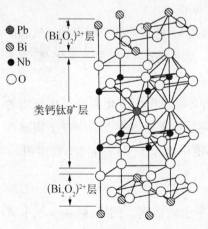

图 6-23　$Bi_2PbNb_2O_9$ 的结构

6.7 16 族 元 素

6.7.1 氧

氧是地球上存在最多的元素。氧存在 $^{16}O(99.759\%)$、$^{17}O(0.037\ 4\%)$、$^{18}O(0.203\ 9\%)$ 3 种同位素。除了 He、Ne、Ar 外,氧与其他所有元素都能组成化合物。氧有二氧(O_2)和臭氧(O_3)两种同素异形体。O_2 是具有双键的二原子分子。电子在由两个氧原子的 2s 轨道与 2p 轨道形成的 8 个分子轨道中排列,由于 $\sigma_s^2\sigma_s^{*2}\sigma_{pz}^2\pi_{px}^2\pi_{py}^2\pi_{px}^{*1}\pi_{py}^{*1}$ 与反键轨道(π^*)中带有未成对电子,其表现出顺磁性。带有 π^* 轨道中两个电子的 O_2 分子的电子配置,如表6-3所示有 3 种状态。

表 6-3 氧的电子配置

状 态	π_{px}^*	π_{py}^*
$^1\sum_g^+$(一重项)	↑	↓
$^1\Delta_g$(一重项)	—	—
$^3\sum_g^-$(三重项)	↑	↑

液态的氧呈淡蓝色,这是由于从三重项($\pi_{px}^*\pi_{py}^*$)向一重项(π_{px}^{*2})迁移的过程中的吸收在红色的波长领域(大约为 770 nm)。

臭氧由 O_2 的无声放电、稀硫酸的电解及对 O_2 的紫外线照射得到。气态的臭氧呈蓝色,液态为深蓝色,固态呈黑紫色。臭氧是比 O_2 更强的氧化剂,用于有机化合物的氧化和水的精制。

过氧化氢(H_2O_2)是既可以用作还原剂又可以作为氧化剂的氧化合物的一种。水溶液不稳定,容易按下式分解,特别是在重金属存在的条件下即碱性条件下会急速分解。因此,通常在这种水溶液中添加 8-羟基喹啉等稳定剂。

$$2H_2O_2 \longrightarrow 2H_2O + O_2$$

碱金属及碱土金属的过氧化物能比较平稳地得到。例如,钠在空气中氧化,就可以生成 Na_2O_2。Na_2O_2 在氧化溶解中得到。

离子性超氧化物(MO_2)可以通过 K,Rb,Cs 与 O_2 的反应合成得到。超氧化物是极强的氧化剂,与水剧烈反应。

6.7.2 硫族(硫(S)、硒(Se)、碲(Te)、钋(Po))

硫、硒、碲的电阻具有负的温度系数,这种特性可以考虑为非金属的特征。单体的硫存在多种类型,固体中已知的有斜方硫、单斜硫和橡胶硫。常温下斜方硫稳定,94.5℃以上向单斜硫转移,两者都是 S_8 的王冠型的环状分子(见图6-24)。

图6-24 S_8 的环状分子

硒是由无限螺旋结构构成的灰色金属晶体,由于它具有光传导性,可用于光电池中。硒也和硫磺一样存在 S_8 分子。

碲的固体是非晶体,并且具有与灰色硒相同的结构,是银白色的半金属。

钋是居里(Curie)夫妇在沥青铀矿中发现的元素,其单体与碲相似,具有更像金属的银色金属。^{210}Po 可以用 β 射线照射铋的方法制备,对其加热升华可以使之简单分离。

(1) 硫族氧化物与含氧酸。各自的氧化物可以由单体在空气中燃烧获得。二氧化硫(SO_2)是具有刺鼻气味的气体。SO_2 在铂(Pt)或五氧化二钒(V_2O_5)等催化剂的作用下与氧反应,生成三氧化硫(SO_3)。SO_3 与水剧烈反应生成硫酸。工业上,浓硫酸中继续添加 SO_3 变成发烟硫酸,再稀释生成硫酸。发烟硫酸中含有诸如二硫酸(焦硫酸,$H_2S_2O_7$)这样的聚硫酸。表6-4中总结了硫的主要含氧酸。

表6-4 硫的主要含氧酸

名　称	化学式	名　称	化学式
次硫酸	H_2SO_2	硫代硫酸	$H_2S_2O_3$
亚硫酸	H_2SO_3	连二亚硫酸	$H_2S_2O_4$
硫　酸	H_2SO_4	焦亚硫酸	$H_2S_2O_5$
过氧一硫酸	H_2SO_5	连二酸	$H_2S_2O_6$
过氧二硫酸	$H_2S_2O_8$	二硫酸	$H_2S_2O_7$
n 硫酮	$H_2S_nO_6$		

SO_2 的水溶液称为亚硫酸,其表达方式以 SO_2 的气体水合物 $SO_2 \cdot xH_2O$ 更为合适。亚硫酸不存在,而是以含有 HSO_3^- 的亚硫酸氢盐或含有 SO_3^{2-} 的亚硫酸盐存在。这些化合物中,SO_3^{2-} 具有三方锥型结构。SO_2 的水溶液或亚硫酸盐可以用作还原剂。

过氧二硫酸的 $S_2O_8^{2-}$ 具有 $O_3S-O-O-SO_3$ 的结构,作为氧化剂是熟知的强力离子。

$$S_2O_8^{2-} + 2e^- \longrightarrow 2SO_4^- \quad (E_0 = 2.0 \text{ V})$$

硫代硫酸盐中,硫代硫酸碱是照相工业中用到的试剂,主要是由于其能将未反应的溴化银以 $[Ag(S_2O_3)_2]^{3-}$ 的错体方式从乳剂中分离出来。

(2) 硫族化合物。岑砂(HgS)和硫化镉(CdS)等硫化物在自然界中广泛存在。12 族(Zn,Cd,Hg)的硫化合物的带隙,根据物质的不同,从 $HgTe$ 的 0 eV 到 ZnS 的 3.8 eV 变化,就光的波长而言,其从远红外至紫外全覆盖。因此,可以用作发光或受光素子等光学电子材料。

$ZnSe,ZnTe,CdTe$ 的晶体结构是螺旋锌矿型,而 CdS、$CdSe$ 是尔茨矿型。ZnS 在低温下是螺旋锌矿型,在 1 020℃ 以上的高温变成尔茨矿型。ZnS 和 $(Zn,Cd)S$ 用作阴极射线管的蓝色和绿色荧光材料。此外,$ZnSe$ 作为蓝色发光二极管的材料和 GaN 一起受到注目。$CdTe$ 和 CdS 的带隙与太阳光的能量分布一致,可以作为优异的太阳能电池材料。

(3) 硫系玻璃。含有硫(S)、硒(Se)、碲(Te)等硫族元素的玻璃称作硫系玻璃(chalcogens glass)。硫系玻璃的历史可以从 1870 年硫化砷(As_2S_3)玻璃化的报告发表开始算起。为开发远红外玻璃和低熔点玻璃,科学家们研究了 $As-S-Se$ 系和 $As-S-Te$ 系的玻璃。六价的硫族元素以 2 配位参与键合,而剩下的两个电子取孤立电子对不直接参与键合。因此,硫系玻璃以微弱的范德华力结合,是一元或二元的网状结构构成的分子性固体。由于比硅酸盐玻璃结构更软弱,软化点更低,为改善其热机械性能,添加了各种元素开发出多种成分组成的材料。硫系玻璃广泛用作红外领域的滤网、镜片、棱晶、窗口等光学材料。硫系玻璃在 $15 \sim 20 \ \mu m$ 的红外波长领域透明的原因,是由于其以 S、Se、Te 等更重的元素替代了氧。

光 的 吸 收

用作窗玻璃的是以钠、钙、硼、硅的氧化物为主要成分的玻璃,在可见光的波长范围(380~780 nm),其基本上不吸收光,反射光对于人眼来说是无色透明的,但对于紫外线和红外线范围的光具有吸收端。由于玻璃与光之间的相互作用,相当部分的光能不能透过被吸收。在能量高的紫外线区域,有吸收光能从介电子带向传导带的电子激发,吸收端由介电子带和传导带的能量差(带隙)决定。构成玻璃原子间的结合与离子相似的场合,介电子带由充满阴离子的最外层原子轨道决定,传导带的低能量带位由阳离子的空轨道决定。构成玻璃的阴离子中,最外层电子能量高的,带隙更大。带隙还受到阳离子和杂质存在的影响。

此外,能量低的红外区域的晶格振动激发,构成玻璃的离子间振动激发的吸收。离子间振动的振动次数用 ν 表示。用谐波振荡器可以近似地描述离子间的结合:

$$\nu = \frac{1}{2\pi}\sqrt{\frac{\kappa}{\mu}}$$

这里,

$$\frac{1}{\mu} = \frac{1}{m_a} + \frac{1}{m_c}$$

κ 为弹簧常数(与结合强度相关的力的常数),μ 是换算质量,m_a、m_c 分别是阴离子、阳离子的质量。阴离子中,以价数小的卤化物离子替代氧化物离子时结合强度变弱(κ 变小),振动数变小。此外,以氟化物以外的阴离子质量大的卤化物或硫化物置换氧化物离子时,振动数变小,吸收段向长波侧移动,玻璃就变成了能透过远红外线的玻璃。

6.8　17 族元素:卤素(halogens)

卤素的单体是等核二原子的分子。由于卤素除了氦(He)、氖(Ne)、氩

（Ar）元素之外的其他所有元素都能反应形成卤化物卤素，所以通常作为合成其他化合物的出发原料。表6-5中归纳出了卤素单体的性质。

表6-5　卤素单体的性质

名称(分子式)	熔点/℃	沸点/℃	颜　色
氟(F_2)	-218	-188	淡黄色
氯(Cl_2)	-100.8	-34.07	绿黄色
溴(Br_2)	-7.2	58.8	红褐色
碘(I_2)	113.7	185.5	紫　色

氟作为萤石（CaF_2）和水晶石（Na_3AlF_6）等的成分存在，其存在量多于氯。氟在所有元素中反应性最高，与氧、氖、氩以外的其他所有元素组成化合物。氟气（F_2）是强的氧化剂，与水剧烈反应生成氧气（O_2）、臭氧（O_3）、过氧化氢（H_2O_2）、氟化氧（OF_2）。

氯（Cl），在海水中以氯化钠（NaCl）、氯化钾（KCl）和氯化镁（$MgCl_2$）等形式存在。工业上用电解食盐水的方法制备。实验室中可以用二氧化锰与盐酸反应得到。气体是绿色的，非常容易溶于水。

$$MnO_2 + 4HCl \longrightarrow Cl_2 + MnCl_2 + 2H_2O$$

溴是具有流动性的红褐色液体，水中微量溶解，非常容易溶于四氯化碳（CCl_4）和二硫化碳（CS_2）等有机溶剂中。

碘从海草和智利硝石中含有的碘酸钠（$NaIO_3$）中得到，日本和智利产量最高。在日本，主要是在酸性条件下，对千叶水溶性天然气矿床中流出来的含有碘化钠的地下水用氯气吹的办法处理，被氧化的碘单体通过升华精制获得。

固体碘是紫色的斜方晶型晶体，在大气中的熔点为113.6℃，具有升华性。反应性要比氯和溴弱，不溶于水，非常容易溶于四氧化碳和二硫化碳以及碘化钠水溶液中。碘是消毒液和甲状腺荷尔蒙合成中必需的元素，最近成为液晶显示器的偏光滤网用的重要元素。

6.8.1　卤化氢

卤化氢可以用金属卤化物与不具挥发性的强酸反应的方法制备。表6-6

中整理出了主要卤化氢的性质。

表 6 - 6　主要卤化氢的性质

化 学 式	熔点/℃	沸点/℃	水溶液的 pK
HF	−83.1	19.9	3.17
HCl	−114.2	−85	−7
HBr	−86.9	−66.7	−9
HI	−50.8	−35.4	−10

氟化氢(HF)的熔点和沸点之所以比其他卤化氢高,在于氟的电负性大, HF 分子具有大的电偶极矩,通过氢键相互连接。因此,如图 6 - 25 所示,HF 分子形成链状聚合物。氟化氢以外的卤化氢的水溶液是强酸。

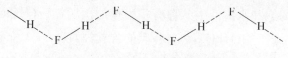

图 6 - 25　HF 分子的链状聚合物

6.8.2　卤化物

与氧化物一样,卤化物具有共价键、离子键以及介于共价键和离子键之间的物质。非金属的卤化物是共价键,而一价、二价、三价的低氧化状态的许多金属卤化物具有离子键。NaCl 是典型的离子键晶体,熔点高。另一方面,作为共价键卤化物的氯化铝和氯化铌,两者都是复核分子。作为例子,氯化铝的结构如图 6 - 26 所示。铝原子的周围配置的卤素原子呈扭曲的四面体结构。

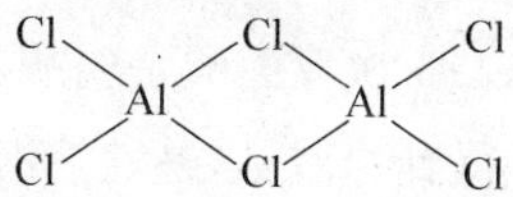

图 6 - 26　氯化铝的结构

分子性的卤化物具有易加水分解的性质,

$$SiCl_4 + 4H_2O \longrightarrow Si(OH)_4 + 4HCl$$

但是像 CCl_4 和 SF_6 那样具有最大共价键结合的条件,反而对水没有活性。

6.8.3　卤的氧化物及含氧酸

卤素与氧的化合物,有以氧为中心原子的 OX_2(X 为卤素)为一般式表示的物质及以卤素为中心原子的氧化卤素(XO_2)。前者代表性的化合物,有用作火箭燃料氧化剂的氟化氧(OF_2)。后者中,氟的化合物不存在,有氯和溴的氧化物存在。ClO_2 是已知的具有爆炸性的强氧化剂,作为木材的漂白剂使用。BrO_2 是不稳定的淡黄色化合物。此外,碘的氧化物中除有人们所知的 IO_2 外,分子性的化合物有五氧化二碘(I_2O_5)。I_2O_5 由碘酸(HIO_3)加热变成无水物而得。

$$2HIO_3 \Longrightarrow I_2O_5 + H_2O$$

此外,I_2O_5 是强的氧化剂,可以通过与一氧化碳(CO)反应产生碘的滴定反应,来定量分析一氧化碳。

$$5CO + I_2O_5 \Longrightarrow I_2 + 5CO_2$$

卤素溶解于水中,迅速发生歧化反应(disproportionation reaction)。例如,氯气(Cl_2)的饱和水溶液中共存有相当量的次亚氯酸($HClO$)。卤素的含氧酸,氟只有次亚氟酸(HFO),氯、溴、碘的含氧酸如表 6-7 所示。

表 6-7　卤素(x: Cl, Br, I)的含氧酸

名　　称	一般式	氧化数	离子的形状
次亚卤酸	HXO	1	直　线
亚卤酸	HXO_2	3	折　线
卤　酸	HXO_3	5	金字塔型
过卤酸	HXO_4	7	四面体型

次亚卤酸是弱酸,为很好的氧化剂,由次亚卤酸离子通过卤素溶解于碱中得到。但是,碱性溶液中的歧化反应,则产生卤酸离子。例如,氯(Cl_2)低温下与碱反应,得到 Cl^- 和 ClO^-,在热水中大部分得到 ClO_3^-。

$$Cl_2 + 2OH^- \longrightarrow ClO^- + Cl^- + H_2O$$

$$3ClO^- \longrightarrow 2Cl^- + ClO_3^-$$

代表性的亚卤酸有亚氯酸($HClO_2$)。这里,亚氯酸钡在水中用硫酸处理,除去生成的硫酸钡得到水溶液,由于是弱酸,不能离析。亚氯酸盐可用作漂白剂。

卤酸是强酸,为强的氧化剂。卤酸离子(XO_3^-)为金字塔型结构,是从具有

卤素价电子层中的电子含有非共有电子对的八重结构中容易推测得到的。氯酸（$HClO_3$）和溴酸（$HBrO_3$）可以通过对各自钡盐用硫酸处理得到的水溶液获得，而碘酸（HIO_3）是通过将碘（I_2）用浓硝酸、过氧化氢及臭氧等氧化而得到。

过氯酸（$HClO_4$）通过氯酸盐的电解氧化合成而得。储存的物质不稳定，容易分解，生成七氧化二氯（Cl_2O_7）。过溴酸（$HBrO_4$）是强的氧化剂，比过氯酸和过碘酸（HIO_4）氧化性更强。过碘酸中有四配位的和六配位的，前者称作偏碘酸，后者的过碘酸（H_5IO_6）称作邻过碘酸或者对过碘酸。酸性溶液中过碘酸离子的平衡反应如下式所示：

$$H_5IO_6 \longrightarrow H^+ + H_4IO_6^- \quad pK \ 为 \ 3$$

$$H_4IO_6^- \longrightarrow IO_4^- + 2H_2O \quad pK \ 为 -1.5$$

$$H_4IO_6^- \longrightarrow H^+ + H_3IO_6^{2-} \quad pK \ 为 \ 6.7$$

6.8.4 卤素间化合物

卤素之间可以形成二元化合物。三成分的化合物中，$HBrCl^-$ 是所知的唯一聚卤化物离子。二成分的卤化物中，用 XX'_n（$n=1,3,5,7$）的一般式表示。$n=1$ 时，有 ClF，BrF，$BrCl$，ICl，IBr 等；$n=3$ 时，有 ClF_3，BrF_3，ICl_3 等；$n=5$ 时，有 BrF_5 和 IF_5。

三氟化氯（ClF_3）是液体，通过氯与氟直接在 $200\sim300℃$ 下反应得到。三氟化溴（BrF_3）是红色的液体，作为非质子性溶剂非常有用。这是由于 BrF_3 能自己解离，是强的氟化剂。

$$2BrF_3 \longrightarrow BrF_2 + BrF_4$$

BrF_3 溶剂中 SbF_5 是酸，KF 是碱。

$$BrF_3 + SbF_5 \longrightarrow BrF_2^+ + SbF_6^-$$

$$BrF_3 + KF \longrightarrow BrF_4^- + K^+$$

卤素的氟化物具有极高的反应性，会与水和有机物发生爆炸性反应。

6.9 18族元素：稀有气体

稀有气体又称为贵重气体。稀有气体(noble gases)是大气中含有的元素,都是以单原子分子稳定存在,不具有化学活性的又称为惰性气体。稀有气体的这些性质是由于原子的电子配置是闭壳结构。但是,在放电管中被离子化,通过这些离子化反应生成 He_2^+ 和 $NeAr^+$。

巴特利特(M. Bartlett)发现氧与强氧化剂氟化铂(Ⅵ)(PtF_6)反应,可以生成$[O_2^+][PtF_6^-]$的结晶;而氙的第一离子化能(12.127 eV)与氧的第一离子化能(12.2 eV)几乎相等,他发表了通过同样的反应有可能生成$[Xe^+][PtF_6^-]$的报告。

但是,现在已经知道了这种化合物是复杂的配位化合物。此后,克拉森(H. Claassen)等合成出了四氟化氙(XeF_4),以此为契机,氙的化合物的研究得到了推进。表6-8中总结了主要的氙的化合物。

表6-8 主要的氙化合物

氧化数	化学式	熔点/℃	结　　构	特　　征
	XeF_2	127	直　线	易溶于 HF
Ⅱ	XeF_4	114	平　面	稳　定
Ⅳ	XeF_6	49.5	扭曲八面体(气体)	稳　定
Ⅵ	$XeOF_4$	−46.2	正方锥	稳　定
	XeO_2F_2	30.8		爆炸性
	XeO_3		三方锥	爆炸性
	XeO_4		四面体	爆炸性
Ⅷ	$Na_4XeO_6 \cdot 8H_2O$		XeO_6^{4-}是正八面体	爆炸性
	$K_4XeO_6 \cdot 9H_2O$			爆炸性

氙的氟化物是稳定的化合物,但含氧的物质几乎都是不稳定的,具有爆炸性。氙酸(XeO_3)的水溶液稳定,蒸发得到的潮解性固体具有爆炸性。

第 7 章 过渡元素

学习过渡元素(transition elements)的性质及生成的无机化合物的特性。

理解作为功能性无机材料广泛应用的含有过渡元素化合物的功能发现因子。

7.1 11 族 元 素

7.1.1 铜(Cu)

铜,自然界中以金属铜、硫化铜、盐化物等形式存在。矿石主要有黄铜矿($CuFeS_2$)、辉铜矿(Cu_2S)、孔雀石($Cu_2CO_3(OH)$)和赤铜矿(Cu_2O)。单体的铜具有优异的延展性,是仅次于银的良导体。铜有很多的合金,主要有黄铜($Cu-Zn$ 系)、青铜($Cu-Sn$ 系)、白铜($Cu-Ni$ 系)、铝青铜($Cu-Al$ 系)、铍铜($Cu-Be$ 系)等。铜在潮湿的空气中其表面会缓慢氧化,与空气中的 CO_2 反应生成绿色的绿青($CuCO_3 \cdot Cu(OH)_2$)。由于是仅次于银的良导体,可以用作电线。成为热门话题的 $Ba_2YCu_3O_{7-x}$ 系的高温超导体,可以将 Y_2O_3 与 $BaCO_3$ 和 CuO 的混合物在高温下反应合成而得。

铜原子在充满的 3d 轨道和 4s 轨道上存在一个电子。由于由充满的 d 轨道将 4s 电子与核电荷隔离,不像碱金属那样离子化能低下,不容易变成一价的阳离子。金属键中也受到 d 轨道电子的影响,升华热和熔点明显比碱金属高。另一方面,第二和第三离子化能低。

氧化数 I 的铜(I)化合物具有反磁性。水溶液中,Cu^+ 仅以很低的浓度存在。水中稳定的铜(I)化合物有极其难溶的 CuCl 和 CuCN。高温下,氧化物(Cu_2O)和硫化物(Cu_2S)等铜(I)化合物,比对应的铜(II)化合物更稳定。此外,氯化铜(I)和溴化铜(I)等,可以将对应的铜(II)盐与过剩的铜一起用煮沸的方法合成得到。

几乎所有的铜(I)化合物,都容易氧化变成铜(II)化合物,但氧化成铜(III)化合物有困难。铜(II)盐大量存在,大多数是水溶性的。金属铜、铜的氢氧化物和碳酸盐等溶解于酸,生成青绿色的水配位离子$[Cu(H_2O)_6]^{2+}$。硫酸铜五水合物($CuSO_4 \cdot 5H_2O$),结构上正确的写法为$[Cu(H_2O)_4]SO_4 \cdot H_2O$,脱水变成黑色的粉末。铜(II)盐的水溶液中加入配体,水分子与配体置换生成配位体。作为典型的例子,加入氨,可以生成$[Cu(NH_3)_4(H_2O)_2]^{2+}$那样的四胺配位体。

7.1.2　银(Ag)

银是银白色的具有延展性的金属。银由氯化物和硫化物的辉银矿(Ag_2S)产出,主要从其他金属矿石的精炼残渣中得到。在已知的金属中具有最高的导电和导热性,光的反射率也非常好。和铜相比,银反应性低,与硫及硫化氢反应会黑化,这是由于生成黑色的硫化物(Ag_2S)。银制品上经常看到的黑色污垢就是这种反应的物质。银的化合物中,溴化银(AgBr)和氯化银(AgCl)具有遇光反应的特点,显示出金属银的性质,用作照相感光材料。此外,氯化银在红外领域透明,可以用作红外分光槽的材料。

银(I)离子(Ag^+)在水溶液中水合,水合数未知。盐大部分是无水物,含水盐有 $AgF \cdot 4H_2O$、$AgF \cdot 2H_2O$、$AgClO_4 \cdot H_2O$。Ag^+ 的水溶液中加入氢氧化钠,会产生褐色的氧化银(I)(Ag_2O)。在强碱性水溶液中,微量银能溶解生成$[Ag(OH)_2]^-$。银(I)盐中,$AgNO_3$、$AgClO_4$、AgF 可溶,而 AgCl、AgBr、AgI、AgSCN 难溶。难溶性银的卤化物的不溶解性,按 Cl<Br<I 的顺序增大。这类难溶性的盐,在氰化钾(KCN)和硫代硫酸钠($Na_2S_2O_3$)水溶液及氨水中溶解,这都是由于形成了$[Ag(NH_3)_2]^+$、$[Ag(CN)_2]^-$、$[Ag(S_2O_3)_2]^{3-}$

之类的水溶性配位体所致。

7.1.3 金(Au)

金柔软,在金属单体元素中具有最优异的延展性,反应性低、不受通常的酸和碱的侵蚀,但和包括氯等卤化物反应,在产生的氯的王水(体积比,硝酸∶盐酸=1∶3)中也会溶解。此外,也会溶解于在空气或过氧化氢存在的条件下含有氰化物离子的溶液中,生成二氰基金(Ⅰ)酸离子$[Au(CN)_2]^-$。作为稳定的不具活性的金,加工成纳米尺寸的粒子后,可以成为具有活性的催化剂。

金的氧化金(Ⅲ)(Au_2O_3)在150℃下分解成金河氧。金在200℃下与氯反应生成红褐色的氯化金(Ⅲ)($AuCl_3$)。合成金的化合物时,大多是先将金溶解于王水中制成四氯金(Ⅲ)酸离子($H_3O^+[AuCl_4]^- \cdot 3H_2O$),也可以在盐酸中溶解氯化金合成得到。四氯金(Ⅲ)酸离子中的金的氧化数是三价,有与铂(Ⅱ)相同的电子结构,其化合物是平面型的。

金的烷基硫醇盐($[Au(SR)]_n$),是可溶于有机溶剂的镦化合物,作为水金(liquid gold)用于陶瓷制品等装饰中。此外,通过还原金盐的水溶液,可以容易制得金的胶体溶液,其具有紫色、蓝色、绿色、褐色等各种色彩。

7.2 12 族 元 素

12族过渡元素的化合物的氧化数,有一价或二价,在锌(Zn)与镉(Cd)中一价离子非常稀少,可以说仅有二价离子。Zn(Ⅱ)及Cd(Ⅱ)的水配位离子是$[M(OH_2)_6]^{2+}$。$[Zn(OH_2)_6]^{2+}$在从pH值为7附近到碱性则以$Zn(OH)_2$的氢氧化物形式沉淀下来。而对于镉的水配位离子,从pH值为8附近到碱性则以$Cd(OH)_2$的氢氧化物形式沉淀。$Zn(OH)_2$具有两性,强碱中溶解生成$[Zn(OH_2)_4]^{2-}$,而$Cd(OH)_2$仅少量溶解。Zn(Ⅱ)和Cd(Ⅱ)单盐的溶解特性与碱土金属中的镁的盐类相似,但硫化物的难溶性是有所不同的。

水银(Hg)虽然是过渡金属,但具有以下特有的性质:① 单体金属熔点低具有挥发性;② 有Hg_2^{2+}之类的一价氧化状态;③ 主要配位数取2;④ 化合物中形成 Hg - C 键之类的强共价键。单体 Hg 的熔点为 - 38.8℃,沸点为

357℃,蒸汽是单原子分子。液体 Hg 可以溶解碱金属和碱土金属等诸多金属制成汞合金。

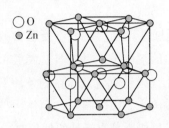

○ O
● Zn

图 7-1 ZnO 的尔茨矿型
晶体结构

作为红锌矿产出的氧化锌(ZnO),俗称锌白。ZnO 通常具有图 7-1 所示的尔茨矿型结构,可以有涂料、油彩、橡胶的加硫促进剂,医药,釉药,化妆品,油墨,白色颜料等各种各样的用途。由于用水热法或气相法可制作氧化锌的单晶,这种晶体具有压电效果和焦电效果等电气特性受到注目,这种压电特性已经应用到表面声波装置中。此外,氧化锌是金属过剩型($Zn_{1+z}O$)的不定比化合物,晶格间锌和氧的空位作为施体进行工作,变成 n 型半导体,利用这种性质,可以制作气体探测器。此外,还有利用添加铋等的晶界控制性烧结体所具有大的电流-电压非线性的特性作为变阻器、电气回路保护装置、避雷器等用材。

最近,发光二极管(LED)的开发在不断推进,氧化锌作为半导体的素材以及液晶用透明电极材料的开发也在进展中。

7.3 3d 组过渡金属

这里介绍一下具有不完全的 3d 壳的过渡元素。该组包含的金属单体都是显示阳性,坚硬、熔点高,导热导电性好。锰(Mn)和铁(Fe)容易受酸侵蚀,而其他的金属对酸没有活性;但所有的金属与卤素、硫及其他非金属一起加热会发生反应。碳化物、氮化物、硼化物是侵入型化合物,坚硬、耐热。这些金属有各种原子价。表 7-1 列出了这些金属可能的氧化态。

7.3.1 钛(Ti)

钛是熔点为 1 670℃的银灰色的具有优异强度和耐腐蚀性的金属,其矿物主要有钛铁矿($FeTiO_3$)和金红石矿(TiO_2)。金属钛不能直接通过氧化钛的碳还原生成,一般采用克罗尔(Kroll)法合成。该方法是通过钛铁矿石或金红石

表 7-1　各种金属可能的氧化态

Ti	V	Cr	Mn	Fe	Co	Ni
	$0d^5$	$0d^6$	$0d^7$	$0d^8$	$0d^9$	$0d^{10}$
	I d^4	I d^5	I d^6		I d^8	I d^9
II d^2	II d^3	II d^4	II d^5	II d^6	II d^7	II d^8
III d^1	III d^2	III d^3	III d^4	III d^5	III d^6	III d^7
IV d^0	IV d^1	IV d^2	IV d^3	IV d^4	IV d^5	IV d^6
	V d^0	V d^1	V d^2		V d^4	
		VI d^0	VI d^1	VI d^2		
			VII d^0			

矿石与碳及氯一起加热合成氯化钛（Ⅳ）（$TiCl_4$），氯化钛在氩气氛围下 800℃用熔融的镁还原：

$$TiCl_4 + 2Mg \longrightarrow Ti + 2MgCl_2$$

金属钛除了和机械强度、热强度相同的其他金属相比其较轻之外，钛的耐腐蚀性优异，可用于制作透平发动机和飞机等，最近还用作高尔夫球拍、电子器械的框架。

（1）氧化钛（TiO_2）。氧化钛晶体，到目前为止已知的有金红石型、锐钛矿型、钛矿型和高压相的 TiO_2（Ⅱ）4 种。一般来说，TiO_2 称作二氧化钛。金红石型和锐钛矿型是相同的正方晶，但锐钛矿型的 c 轴长度要比金红石型的长。钛矿型是斜方晶。二氧化钛的晶体结构以［TiO_6］八面体为基体。金红石型中，该［TiO_6］八面体通过两个菱连接。在锐钛矿型中，共有 4 个菱，而在钛矿型中共有 3 个菱。但是，这类［TiO_6］八面体不是正八面体，按金红石型、锐钛矿型、钛矿型的顺序其扭曲度变大。这些晶体结构如图 7-2 所示。

二氧化钛在高温下加热会失去氧变成从蓝色到黑色的非化学计量性化合物 TiO_{2-x} 的半导体。1957 年，安德森等报道了以 Ti_nO_{2n-1}（n 是整数）为一般式表述的称作 TiO_2 及马格涅利相的物质。

二氧化钛自古以来被用作白色颜料，自从发现具有高介电常数以来，已成为压电体和介电体材料的原料。二氧化钛的光催化作用也受到关注，作为在通过紫外线分解有机化合物的氧化分解的大气和水净化中的催化剂，在各种场合中得到应用。此外，最近作为色素增感太阳能电池（格莱才尔电池）替代硅（Si）太阳能发电材料（solar cell）而受到关注。

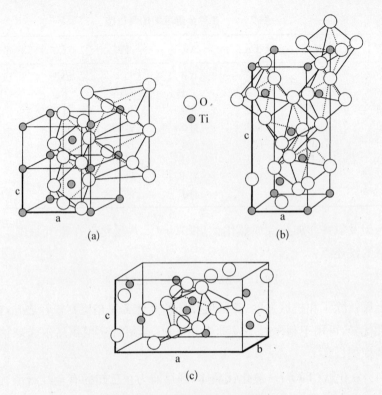

图 7-2 二氧化钛的晶体结构

(a) 金红石型;(b) 锐钛矿型;(c) 板钛矿型

二氧化钛化学稳定,溶解于加热的硫酸中。二氧化钛的工业合成方法有硫酸法和氯化法。在硫酸法中,铁钛矿石(铁钛矿,$FeTiO_3$)溶解于浓硫酸后,得到的硫酸钛加水分解、干燥,最后烧制成二氧化钛。这种方法获得的二氧化钛,以锐钛矿型为主,加水分解时通过调整 pH 值也可以合成得到金红石型。

$$Ti(SO_4)_2 + (n+2)H_2O \longrightarrow TiO_2 \cdot nH_2O + 2H_2SO_4$$

$$TiO_2 \cdot nH_2O \xrightarrow{500 \sim 700℃} TiO_2 + nH_2O$$

另一方面,在氯化法中,以金红石矿为原料,首先进行氯化。这里还将得到的 $TiCl_4$ 高纯度化后进行蒸发,再采用氧化的气相法,以及通过加水分解的湿法来合成二氧化钛。在 $TiCl_4$ 的气相法中,通过控制反应温度及气体氛围,而在加水分解法中通过控制水溶液的 pH 值,可以来选择合成锐钛矿型还是金红石型。

气相法：

$$TiCl_4 + O_2 \xrightarrow{900 \sim 1\,300℃} TiO_2 + 2Cl_2$$

加水分解法：

$$TiCl_4 + (n+2)H_2O \longrightarrow TiO_2 \cdot nH_2O + 4HCl$$

$$TiO_2 \cdot nH_2O \xrightarrow{800 \sim 1\,000℃} TiO_2 + nH_2O$$

（2）钛酸盐。天然存在的钛酸盐有铁钛矿（$FeTiO_3$）和镁钛矿（$MgTiO_3$）、钙钛矿（$CaTiO_3$）等。其中具有钙钛矿型结构的碳酸钡（$BaTiO_3$）作为强介电材料大量生产。图7-3给出了基本的钙钛矿型结构（ABO_3）。

○ O
◉ A阳离子
● B阳离子

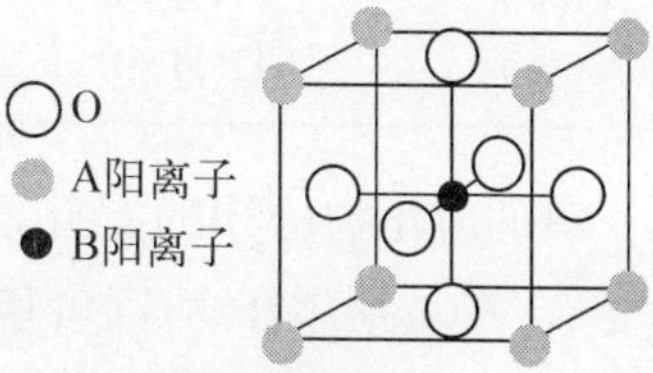

图 7-3 基本的钙钛矿型结构（ABO_3）

在作为已知的介电体、压电体和导电体等电子材料的钛酸盐中，除了钛酸钡（$BaTiO_3$）外，还有钛酸锶（$SrTiO_3$）、钛酸铅（$PbTiO_3$）、锆钛酸铅（$Pb(Ti,Zr)O_3$）等。

7.3.2 钒（Ⅴ）

钒存在于委内瑞拉产的重油中，从其燃烧后的烟尘中可以得到 V_2O_5。金属钒不受空气、碱以及氟酸以外的非氧化性酸的侵蚀，但能溶于硝酸、硫酸和王酸中。钒有多种氧化态，在水溶液中，在 pH 值为 1.5 以下的范围内，钒（Ⅴ）以淡黄色的钒离子（VO_2^+）存在，pH 值为 1.5 以上的范围内，以钒酸阴离子存在。钒酸阴离子在强碱性区域是无色的 VO_3^{3-}，从弱碱性到弱酸性范围内，焦钒酸离子（$V_2O_7^{4-}$）缩合生成橙色的 $V_{10}O_{28}^{6-}$。图 7-4 所示为 $V_{10}O_{28}^{6-}$ 的结构，是由 10 个 6 配位八面体的单体缩合而成的结构。

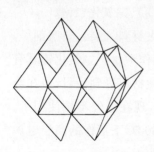

图 7-4 $V_{10}O_{28}^{6-}$ 的结构

V（Ⅳ）在水溶液中，在 pH 值为 4 以下的范围内，钒以蓝色的钒离子（VO^{2+}）存在，钒（Ⅳ）离子可以形成诸如 [$VO(acac)_2$] 的配位体。V（Ⅳ）和 V（Ⅴ）的化合物在空气中稳定，而 V（Ⅱ）和 V（Ⅲ）的化合物在空气中容易被氧化。V(Ⅲ)在水溶液中以紫色的水配位离子$[V(H_2O)_6]^{3+}$存在。V(Ⅱ)的水配位离子$[V(H_2O)_6]^{2+}$也呈紫色。表7-2汇总了V(Ⅱ)、V(Ⅲ)、V(Ⅳ)的水配位离子的d-d吸收带以及显示的颜色。

表7-2　钒水配位离子的d-d吸收带及颜色

氧化数	水配位离子	d^n	颜　色	吸收带/nm
V(Ⅱ)	$[V(H_2O)_6]^{2+}$	d^3	紫　色	360 540 810
V(Ⅲ)	$[V(H_2O)_6]^{3+}$	d^2	蓝紫色	390 560
V(Ⅳ)	$[VO(H_2O)_5]^{2+}$	d^1	蓝　色	625 765

钒的卤化物已知的有五氟化钒(VF_5)和四氯化钒(VCl_4)等。氧化物中,主要有V_2O_5系化合物,除可用作氧化催化剂外,利用V_2O_3具有的金属-非金属转换性质用作温度探测器。此外,还有作为制作各种钢的添加剂的用途。$Li_xV_6O_{13}$用作二次电池的电极材料也受到注目。

7.3.3　铬(Cr)

含铬的矿石有铬铁矿($FeCr_2O_4$)、电石、石榴石和铬云母。其中,铬铁矿石是由占据八面体位置的Cr^{3+}和占据四面体位置的Fe^{2+}形成的尖晶石结构。作为含铬化合物的特征,有各种各样颜色的着色。由于铬容易变成不动态,耐腐蚀,以铬酸电镀为人所熟知,可以用作保护膜。

铬的氧化物中,有三氧化铬(CrO_3)、二氧化铬(CrO_2)、三氧化二铬(Cr_2O_3)等。三氧化二铬的晶体,具有刚玉结构,可以用作耐火材料、颜料、研磨剂等。以三氧化二铬为主要成分的氧化铬耐火材料,主要用作炉材。二氧化铬具有金红石结构,由于具有强磁性,作为磁性记录用的磁性材料受到注目,但在合成中需要有含有毒性的六价铬溶液的水热处理过程,现在已经不再使用了。此外,铬酸化合物铬酸镧($LaCrO_3$)可用作1 500～1 800℃下工作的高温电炉用的电阻加热元件。

三氧化铬溶解于水中变成强酸H_2CrO_4,在pH值为6以上的碱性溶液中生成黄色的铬酸离子(CrO_4^{2-})。在pH值为2～6时,形成$HCrO_4^-$与橙色的二铬酸离子($Cr_2O_7^{2-}$)的平衡相;在pH值为1以下时以H_2CrO_4存在。它们的平衡式如下所示:

$$HCrO_4^- \longrightarrow CrO_4^{2-} + H^+ \qquad pK \text{ 值为 } 5.9$$

$$H_2CrO_4 \longrightarrow HCrO_4^- + H^+ \qquad pK \text{ 值为 } -0.6$$

$$Cr_2O_7^{2-} + H_2O \longrightarrow 2HCrO_4^- \qquad pK \text{ 值为 } 2.2$$

铬酸离子具有四面体结构,图7-5给出了二铬酸离子的结构。二铬酸盐的酸性溶液是强的氧化剂。

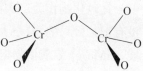

$$Cr_2O_7^{2-} + 14H^+ + 6e \Longrightarrow 2Cr^{3+} + 7H_2O$$

图7-5 二铬酸离子的结构

7.3.4 锰(Mn)

锰的矿物有氧化物、氢氧化物、碳酸盐等。锰的氧化物和氢氧化物加热到1 000℃时,会变成黑色尖晶石结晶的锰矿石(锰矿石,Mn_3O_4),其用铝还原就可以得到单体金属。表7-3列出了主要的锰矿石。

表7-3 主要的锰矿石

化 学 式	化 合 物 名	晶 体 结 构
$\beta-MnO_2$	软锰矿(pyrolusite)	正方晶
$\gamma-MnO(OH)$	水锰矿(manganite)	单斜晶
Mn_3O_4	黑锰矿(hausmannite)	立方晶
MnO	绿锰矿(manganosite)	立方晶
$Mn(OH)_2$	片水锰锰矿(pyrochroite)	六方晶

二氧化锰(MnO_2)在盐酸存在的条件下与氧化剂发生下式的反应:

$$MnO_2 + 4H^+ + 4Cl^- \Longrightarrow Mn^{2+} + 2Cl^- + Cl_2 + 2H_2O$$

锰(Ⅳ)酸离子(MnO_4^-)已知的有过锰酸离子,是强氧化剂。

$$MnO_4^- + e^- \longrightarrow MnO_4^{2-}$$

$$MnO_4^- + 4H^+ + 3e^- \longrightarrow MnO_2 \downarrow + 2H_2O$$

$$MnO_4^- + 8H^+ + 5e^- \longrightarrow Mn^{2+} + 4H_2O$$

$$Mn^{2+} + 2e^- \longrightarrow Mn \downarrow$$

MnO_4^- 在酸性溶液中以五电子的氧化剂、在碱性溶液中以三电子的氧化剂发生反应：

$$MnO_4^- + 2H_2O + 3e^- \longrightarrow MnO_2\downarrow + 4OH^-$$

锰氧化物作为二次电池的锰电池的正极材料得到应用。此外,最近作为没有记忆效果的、容量大的锂离子二次电池的正极材料利用的开发也有所进展,$LiMn_2O_4$ 等氧化物得到应用,$LiMnO_2$ 的应用也在探讨中。

记 忆 效 果

在镍-氢类的可以充放电的二次电池中,存在有可见的容量减小的现象。在没有充分放电后继续充电的过程重复时,可以看到放电电压低下、容量减小的劣化现象。该命名的由来,就是在继续充电的电压附近电压急速下降,充电开始的残量"记忆"下来。尽管电压低下但放电充分继续时,记忆效果(memory effect)恢复。铅电池和锂离子二次电池不会产生记忆效果。

7.3.5 铁(Fe)

铁是地球上含量仅次于铝的第四位的元素。主要的铁矿石有红铁矿(hematite,Fe_2O_3)、磁铁矿(magnetite,Fe_3O_4)、褐铁矿[limonite,$FeO(OH)$]、菱铁矿(siderite,$FeCO_3$)等。金属铁容易溶解于稀盐酸中,可在浓硝酸和含有二铬酸盐等具有酸化力的强酸中钝化。纯的单体铁根据温度具有如下所示的 α、β、γ、δ 4 种晶相。α→β 的转移是从强磁性向常磁性转移,结晶结构没有变化,是体心立方晶格。另一方面,γ 相变成面心立方晶格,而 δ 相又回到体心立方晶格。

$$\alpha - Fe \xrightarrow[760℃]{} \beta - Fe \xrightarrow[906℃]{} \gamma - Fe \xrightarrow[1\,401℃]{} \delta - Fe \xrightarrow[1\,539℃]{} 液体$$

铁(Ⅱ)离子 $[Fe(H_2O)_6]^{2+}$ 中有许多结晶盐。$FeSO_4 \cdot 7H_2O$ 是 $[Fe(H_2O)_6]^- SO_4 \cdot H_2O$,$FeCl_2 \cdot 6H_2O$ 是 trans-$[Fe(Cl)_2(H_2O)_4] \cdot 2H_2O$。摩尔盐 $(NH_4)_2SO_4 \cdot [Fe(H_2O)_6]SO_4$ 在空气中稳定,用作调制铁(Ⅱ)的标准

溶液。

水溶液中,水族铁(Ⅲ)离子呈淡紫红色。常见 Fe^{3+} 的水溶液呈黄色,是由于形成了 $[Fe(H_2O)_5OH]^{2+}$ 那样的羟基配位体所致。

最为熟悉的六价铁氧化物是钾盐(K_2FeO_4)。这是在浓的氢氧化钾水溶液中,用次氯酸钠氧化硝酸铁得到铁酸离子的溶液,再加入氢氧化钾进行沉淀,得到浓的紫红色常磁性氧化物。钠盐和钾盐易溶于水,而钡盐可以沉淀,是极强的氧化剂,比过锰酸钾氧化力还强,可以氧化 NH_3、N_2、Cr^{2+} 到 CrO_4^{2-},以及氧化伯胺及醇到醛。

中性及酸性水溶液中铁氧离子的分解反应式如下所示:

$$2FeO_4^{2-} + 10H^+ = 2Fe^{3+} + \frac{3}{2}O_2 + 5H_2O$$

(1) 铁氧化物。作为铁氧化物的资源,有硫化铁矿石及铁板酸洗时的废液等。铁的盐酸废液加热后分解成 α - Fe_2O_3 和 HCl,可以得到高纯度的氧化铁。由于天然铁矿石的硫化铁矿含有很多的杂质,主要是利用铁板的表面酸处理废液作为制备铁素体及磁性粒子的资源。

氧化铁中,有氧化铁(Ⅱ)(wustite,FeO)、氧化铁(Ⅱ,Ⅲ)(Fe_3O_4,磁铁矿)、氧化铁(Ⅲ)(maghemite,α - Fe_2O_3)、氧化铁(Ⅲ)(赤铁矿,γ - Fe_2O_3)等。

FeO,正确的写法为 $Fe_{1-x}O$($x = 0.06 \sim 0.04$),是含有铁缺陷的黑色的非定量化化合物,具有由阳离子的空位和 Fe^{3+} 形成的 NaCl 型的结构。氧介入自旋呈反平行排列的反强磁性体,由于非定量,具有部分的尖晶石结构,显示出超顺磁性。

α - Fe_2O_3,称作三氧化二铁,是刚玉型的三方晶系的晶体。天然以赤铁矿产出,是主要的铁矿石,粉末称为铁丹,用作颜料、涂料等。

Fe_3O_4,称作四氧化三铁(四氧化铁(Ⅲ)铁(Ⅱ)),作为磁铁矿也是主要的铁矿石。铁的氧化数为 Ⅱ:Ⅲ = 1:2 的典型的混合原子价化合物。这种化合物,即为在铁质容器和船底的表面经常见到的“铁锈”成分,显示顺磁性和亚铁磁性。实验室中,可以用 Fe^{2+} 盐和 Fe^{3+} 盐的混合溶液调整至碱性得到胶粒沉淀的方法合成。在磁性细菌、信鸽的啄、鲑鱼等的组织中也会看到。粉末是黑色的颜料,用作涂料以及哈博法制备氨的催化剂。

γ - Fe_2O_3,自然界中是由磁赤铁矿产出的立方晶的逆尖晶石结构的晶体,显示亚铁磁性,10 nm 以下的超微粒子显示出超顺磁性。针状的粒子用作磁记录体。通常,用硫酸或盐酸清洗铁板的表面得到的废液作为 Fe^{2+} 盐的原料,在控制 pH 值的条件下用与氢氧化钠溶液反应生成针状的 FeOH 粒子的氧化、还原的方法制备。

(2) 氢氧化铁。Fe^{2+} 的水溶液中添加 OH^- 生成浅绿色的氢氧化物 $[Fe(OH)_2]$。其在空气中容易被氧化,变成褐色的三价氢氧化铁 $[Fe(OH)_3]$。氯化铁(Ⅲ)中添加 OH^-,产生红褐色的凝胶沉淀,可以用铁氧化物的水合物 $Fe_2O_3 \cdot nH_2O$ 表示更合适。这种水合氧化物加热到 200℃ 变成 α-Fe_2O_3。

(3) 铁素体。含铁的氧化物可以看成由三价铁的氧化铁和金属氧化物的复合氧化物,一般称作铁素体。这种金属氧化物的种类中,有碱金属、碱土金属、过渡金属和稀土金属等。

铁素体大多数在常温下显示出强磁性,用作磁性材料。天然的有磁铁矿 (Fe_3O_4)、铁镁矿 $(MgFe_2O_4)$、锌铁矿 $(ZnFe_2O_4)$、磁铅石 $(PbFe_{12}O_{19})$ 等。

MFe_2O_4 和 $MOFe_2O_4$ 的铁素体具有尖晶石的结构,故又称作尖晶石型铁素体。M 是二价的金属,有 Cd、Co、Cu、Mg、Mn、Ni、Zn 等。金晶石的结构中,面心立方型的最密排列的氧离子的空隙中,4 配位位置(A 位)的 1/8 是 A 金属离子,6 配位位置(B 位)的 1/2 由 B 金属离子占据。三价的金属离子占据 B 位,二价的金属离子占据 A 位,称作正尖晶石。三价金属离子的半份占据 A 位、剩余的半份占据 B 位的称作逆尖晶石。图 7-6 给出了尖晶石型铁素体的晶体结构。

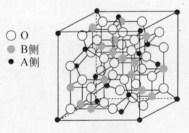

○ O
● B侧
● A侧

图 7-6 尖晶石型铁素体
的晶体结构

三价的铁离子形成空穴的 γ-Fe_2O_3 是逆尖晶石结构的磁性体,在记录用磁带中经常会用到。

除此之外,还有以 YIG(yttrium iron garnet,$Y_3Fe_5O_{15}$)为代表的立方晶的石榴石型铁素体,斜方晶的钙钛矿型结构的奥托铁氧体($MFeO_3$,M 是钇等稀土元素)以及以钡铁氧体($BaFe_{12}O_{19}$)为代表的六方晶铁素体(铁氧体)等。石榴石型铁素体,可以用作具有光磁电效果的材料,还有铁氧体用作硬质的铁素体。

支撑电动汽车将来的无机材料

黄绿型 $LiFePO_4$ 磷酸盐,作为锂离子二次电池正极材料,由于其高容量且相对价廉得到关注。

在开发高效率电动汽车中,必须实现电池与电机的高性能化。高性能的 $Nd(Dy)-Fe-B$ 系磁铁,原料稀少且高纯度化困难,而且以高价的稀土元素为主要成分。由于由稀土元素构成,其存在着资源问题,希望开发不含有稀土类元素的高性能磁铁。最近在薄膜中表现出高特性的侵入性结构的氮化铁($Fe_{16}N_2$ 系),尽管物性还没有完全解明,但有可能成为受期待的物质体系之一。

7.3.6   钴(Co)

自然界的火成岩中含有钴,与镍共存。含有钴的矿物质具有美丽的蓝色,在公元前 2000 年的埃及就已经用于陶瓷过河玻璃的着色。含钴的合金由于其高强度、耐腐蚀性、耐热性和耐磨损性优异而用作切削工具等。

此外,钴又是强磁性体,以铁或镍的合金或者以尖晶石系氧化物的形式用作磁性材料。$LiCoO_2$ 用作高性能锂离子二次电池的正极材料,但由于和 Ni、Mn、Fe 等相比,Co 的价格高,所以正在开发 Co 以外的过渡金属系材料。

钴的氧化物有 CoO 和 Co_3O_4。钴氧化物可以与各种金属氧化物形成复合氧化物,其中有具有尖晶石结构的诸如 $CoAl_2O_4$、$CoFe_2O_4$ 等的氧化物;有具有钙钛矿结构的诸如 $LnCoO_3$(Ln:三价的稀土元素)、$SrCoO_3$ 等的氧化物;以及具有层状结构的诸如 Ln_2CoO_4(Ln:三价的稀土元素)等的氧化物。

金属钴及其氧化物和碳酸盐溶解于稀酸中,会生成浅红色的水配位离子 $[Co(H_2O)_6]^{2+}$。Co^{2+} 中添加氢氧化物离子时,在 pH 值为 7.5 附近开始产生氢氧化钴($Co(OH)_2$)沉淀,首先产生蓝色的沉淀,随后变成浅红色的沉淀。$Co(II)$配位体中有六配位八面体型、四配位四面体型、五配位三方两锥型等,其中四面体型的最容易形成。

Co^{3+} 与以 N 为供给原子的配体(NH_3,en,$edta^{4-}$,NCS)亲和性极强,容易

形成[Co-(NH_3)_6]^{3+}、[Co(en)_3]^{3+}(en：乙二胺)、[Co(edta)]^-(edta：乙二胺四乙酸)等的配位体。

Co(Ⅲ)可以形成多种稳定的反磁性的六配位复体,基本上都是低自旋配位体。钴的氯化物与氨的配位体根据组成会产生各种各样的色彩,作为色素自古以来得到应用。硅胶随水分改变色彩也就是由于含有钴氯化物的缘故。

7.3.7　镍(Ni)

镍的主要矿物质有镍与镁的硅酸盐的硅镍矿(Ni,Mg)$SiO_2 \cdot nH_2O$ 和磁硫铁矿(FeS)。金属镍在常温下稳定,作为保护膜在电镀中经常用到。除此之外,在不锈钢(Fe-Cr-Ni)、白铜(Cu-Ni)、洋银(Cu-Zn-Ni)、镍铬合金(Ni-Cr-Mn)等合金中也会用到。

另外,镍还被用作镍镉电池的电极材料。在已经实现实用化的镍-氢电池中,以及以 $LiNiO_2$ 作为锂离子的二次电池的正极材料中得到广泛应用。镍的氧化物氧化镍(NiO)作为控制温度的热敏电阻的电子材料,和钴、铁、铬、锰等的氧化物一起使用。

Ni(Ⅱ)可以形成配位数为 4、5、6 等的各种配位体。水溶液中绿色的水配位离子[Ni(H_2O)_6]^{2+}是六配位配位体,当 pH 值为 7 以上产生浅绿色的氢氧化物(Ni(OH)_2)沉淀。这种沉淀物溶解于氨水中形成紫蓝色的镍氨配位体[Ni(NH_3)_6]^{2+}。六配位的八面体型配位体是顺磁性的,呈绿、蓝、紫色。与此相对,四配位的配位体几乎都是平面型的,显示出反磁性,呈红、黄、褐色。例如熟知的红色双镍(二甲基乙二肟镍)(Ⅱ)([Ni(Hdmg)_2]),其结构如图 7-7 所示。除此之外,还有四面体配位体和五配位配位体。

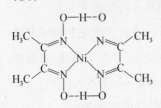

图 7-7　双(二甲基乙二肟镍)镍(Ⅱ)的结构

7.4　4d 和 5d 区过渡金属

这里介绍具有不完全 4d 及 5d 区的过渡金属。该区包含的元素的原子半径与原子序数的大小无关,基本上相同。

7.4.1　锆(Zr)和铪(Hf)

锆和铪,原子半径(Zr:1.62 Å,Hf:1.60 Å)与离子半径(Zr^{4+}:0.79 Å,Hf^{4+}:0.78 Å)都几乎相同,化学性质也相似。锆的原料,有锆石[正硅酸锆(Ⅳ),ZrSiO$_4$]以及氧化锆[二氧化锆(Ⅳ),ZrO$_2$],但铪始终与锆混在一起,分离困难,要使用溶剂萃取法或离子交换法才能获得。

氧化锆(二氧化锆(Ⅳ),ZrO$_2$)是锆的氧化物,化学性能和热性能稳定,熔点高达 2 700℃,自古以来作为耐火材料、隔热材料和结构材料等使用,用途广泛。

纯的二氧化锆按如下所示的温度变化:

$$\cdots 1\ 170℃ \cdots 2\ 370℃ \cdots 约\ 2\ 700℃$$

$$单斜晶 \underset{900\sim1\ 000℃}{\Longleftrightarrow} 正方晶 \Longleftrightarrow 立方晶 \Longleftrightarrow 液相$$

由于在 1 000℃附近的单斜晶-正方晶的相转移中发生 4.6% 的体积变化而产生破坏。为防止这样的体积变化,将氧化钙(CaO)、氧化镁(MgO)、氧化铈(CeO$_2$)、氧化钇(Y$_2$O$_3$)等稳定化剂固溶形成的立方晶(正方晶)称为稳定化氧化锆。此外,部分稳定化氧化锆(partially stabilized zirconia,PSZ)是指加的稳定化剂没有到完全形成立方晶固溶体的量,而形成了正方晶、立方晶的混合相。

稳定化的氧化锆,其晶格中生成的氧空穴具有优异的氧化物离子传导性,可以作为高温的固体电解质。利用这种性质,可以用于制作检测锅炉和燃烧炉等废气中氧气浓度的氧传感器以及汽车中的氧传感器(见图 7 - 8)。此外,稳定化氧化锆还可以用作燃料电池的固体电解质,作为利用氢与氧的反应发电的绿色能源用材料,其重要性得到提升。

稳定化氧化锆的单结晶体,称为立方氧化锆,作为类似于金刚石的宝石(也称仿金刚石)

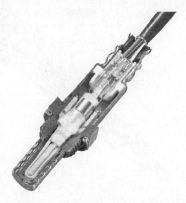

图 7 - 8　汽车用氧化锆氧传感器
(株式会社 DENSO　提供)

为人所共知,可以通过添加其他的元素对其进行着色。

此外,玻璃中加入氧化锆可以增大其折射率,可以用来制作光学镜片及水晶玻璃。

最近,制造出了利用体积变化产生应力的具有变换特性的高韧性陶瓷,用于制作刀具、光通信用光纤的连接端头(金属环)、发动机部件以及机械部件等(见图7-9)。

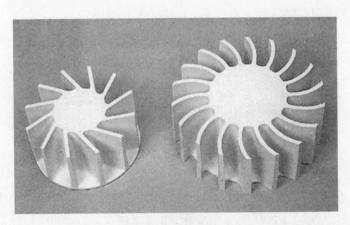

图7-9 高韧性氧化锆制造的化工泵叶轮

(日本碍子株式会社 提供)

锆酸铅(PbZrO$_3$)与钛酸铅(PbTiO$_3$)的固溶体锆钛酸铅(Pb(Zr,Ti)O$_3$,PZT)是已知的具有钙钛矿型结构的压电材料。

所谓压电效果是指加压产生电压、加入电场产生扭曲变形的现象。利用这种性质的有煤气炉的点火器,产生超声波检测从物体反射回来的超声波定位出障碍物位置的超声波振动子,以及施加信号电压使压电体产生变形(逆压电小效果),开关柴油机发动机用燃料阀的压电式喷油器(见图7-10),超声波探测器(见图7-11)和频率滤波器等。

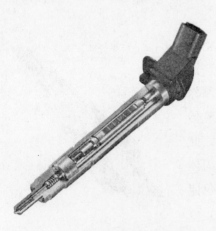

图7-10 柴油车用压电式喷油器

(株式会社 Denso 提供)

图 7-11　超声波探测器

（日本特殊陶瓷株式会社　提供）

表 7-4　氧化锆的添加元素与颜色

掺 杂 元 素	颜　色
Ce	黄　色
Er，Eu，Ho	粉红色
Cr，Tm	绿　色
Co，Mn，Nd	紫　色

$PbZrO_3$- $PbTiO_3$- La_2O_3 的固溶体 $(Pb,La)(Zr,Ti)O_3$（简称 PLZT）为通过致密烧结得到透明体。对这种透明的 PLZT 施加电压，可以产生光学异方性，用来制作光调制器和光学快门。

氧化铪（Ⅳ）（HfO_2）与氧化锆一样，有如下所示的相转移特性：

$$单斜晶 \stackrel{1\,500\sim2\,000℃}{\rightleftharpoons} 正方晶 \stackrel{2\,700\sim2\,750℃}{\rightleftharpoons} 立方晶$$

氧化铪的相转移温度比氧化锆高，而体积变化小。铪和锆一样，是具有氧离子传导性的固体电解质。

7.4.2　铌（Nb）、钽（Ta）

含铌和钽的矿物质有铌石（columbite）和钽石（tantalite），其化学组成相同,都是$(Fe,Mn)(Nb,Ta)_2O_6$。铌含量多的称为铌石,钽含量多的称为钽石。此外还有钙与钠的铌酸盐烧绿石(Pyrochlore:$(Na,Ca)_2(Nb,Ta,Ti)_2O_6(O, OH,F))$)。

铌和钽有多种氧化物。铌的氧化物有 $NbO,NbO_2,NbO_{12}O_{24},Nb_2O_5$ 等,钽的氧化物有 TaO,TaO_2,Ta_2O_3 等。Nb_2O_5 具有多态的复杂结构,基本是由 NbO_6 八面体共有顶点缩合而成。

铌和钽一样,其水溶液只能存在于强酸或强碱区域,其他区域中存在的水溶液只是配位体以及聚氧酸离子。水溶性的聚氧酸离子有 $Nb_6O_{19}^{8-}$ 和 $Ta_6O_{19}^{8-}$,图 7-12 所示为 $Nb_6O_{19}^{8-}$ 的结构。

卤化物中,五氟化物是无色的挥发性固体,如图 7-13 所示,具有四量体结构。

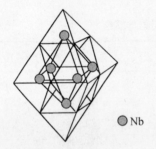

图 7-12　$Nb_6O_{19}^{8-}$ 的结构

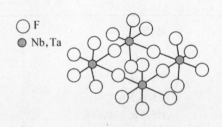

图 7-13　NbF_5 和 TaF_5 的四量体结构

在氟化物的水溶液中,存在 $[NbOF_5]^{2-}$ 和 $[NbF_6]^-$ 以及 $[TaF_6]^-$ 和 $[TaF_7]^{2-}$ 等配位体离子。铌和钽的五卤化还原后会生成含有以四卤化物及 $[M_6X_{12}]^{n+}$ (M:Nb,Ta;X:Cl,Br)为单位的簇化合物(见图 7-14)。这种结构中,以金属元素为中心的八面体(Nb_6,Ta_6)中配位卤化物离子,金属的氧化数取 Ⅱ 和 Ⅲ 的中间价数。

铌酸盐和钽酸盐中,有铌酸钠($NaNbO_3$)、铌酸钾($KNbO_3$)、钽酸钠($NaTaO_3$)等,均具有钙钛矿型结构。另一方面,铌酸锂($LiNbO_3$)属于菱面体晶系,具有与钛铁矿相似的结构(见图 7-15)。对于铌酸锂和钽酸锂($LiTaO_3$),已经成功制备出大型的单结晶体,是重要的压电材料和光电材料。已经用到表面弹性波元件(见图 7-16)和光导波路中(见图 7-17)。

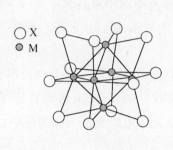

图 7-14　簇化合物$[M_6X_{12}]^{n+}$的结构

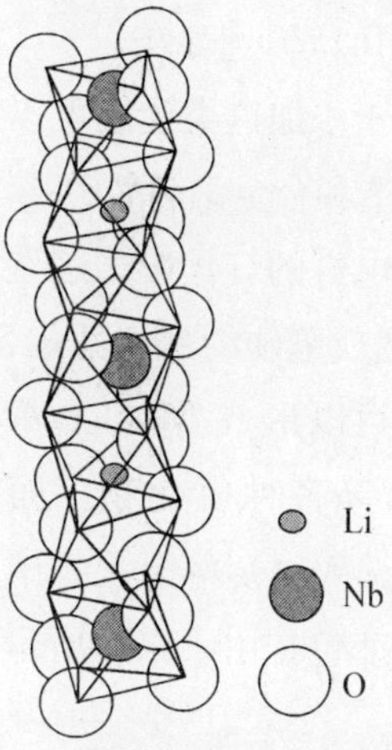

图 7-15　$LiNbO_3$的晶体结构

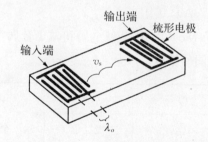

$$f_o = \frac{\upsilon_s}{\lambda_o}$$

f_o：中心频率

λ_o：梳形电极间距

υ_s：表面弹性波的速度

图 7-16　表面弹性波元件

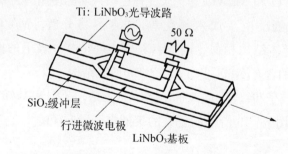

图 7-17　光导波路（Mach-Zehnder 型光调制器的例子）

7.4.3　钼(Mo)、钨(W)

钼和钨不仅具有复杂的氧化钛，还具有多种立体结构。钼在自然界以辉钼矿（MoS_2）和钼酸铅矿（$PbMoO_4$）存在，而钨以钨酸钙矿（$CaWO_4$）和钨锰矿

[(Fe,Mn)WO$_4$]存在。

由于添加这类金属可以提高钢的硬度和强度,因此这类金属已经使用到刀具制造和合金钢制品中了。此外,钨具有所有金属中最高的熔点(3 380℃),已用于电灯的灯丝中。这些金属在高温下能与硼、碳、氮、硅等形成侵入性化合物,变成坚硬的耐火性化合物。

钼可以形成 MoO$_2$、MoO$_3$ 和混合原子价的 Mo$_4$O$_{11}$、Mo$_{17}$O$_{47}$、Mo$_8$O$_{23}$、Mo$_9$O$_{26}$ 等各种氧化物。而钨也存在于 W$_3$O、WO$_2$、WO$_3$ 和混合原子价的 W$_{18}$O$_{19}$、W$_{20}$O$_{58}$ 等氧化物中。MoO$_3$ 和 WO$_3$ 用于电致变色(EC)器件中。WO$_3$ 场合的变色是由于以下所示的电化学还原反应的结果:

$$\underset{\text{无色}}{\mathrm{WO_3}} + x\mathrm{M}^+ + xe^- \xrightarrow[\text{氧化}]{\text{还原}} \underset{\text{蓝色}}{\mathrm{M_xWO_3}}$$

这里,M$^+$ 是一价的 Li$^+$、Na$^+$、Ag$^+$ 等阳离子。

钨(钼)青铜,一般是为 M$_x$W(Mo)O$_3$(M 是碱金属和碱土金属等)的化合物。Na$_x$WO$_3$ 根据 x 的值显示不同的颜色。

x	0.32	0.46	0.64	0.85
颜 色	暗蓝色	紫红色	橙红色	金黄色

此外,CaWO$_4$ 和 MgWO$_4$ 作为荧光体已投入实际使用。

钼和钨与氟反应生成六氟化钨,加水容易分解。Mo$_2$Cl$_{10}$ 的结构与 Nb$_2$Cl$_{10}$ 的四量体结构相似。以 M$_6$Cl$_{12}$(M:Mo,W)表示的卤化物具有如图 7-18 所示的含有[M$_6$X$_8$]$^{4+}$(X:Cl,Br)的簇结构。

钼(Ⅳ)酸离子和钨(Ⅳ)酸离子,碱性条件下是 MoO$_4^{2-}$ 和 WO$_4^{2-}$,而在弱酸性条件下形成如图 7-19 所示的复杂的聚酸离子[Mo$_7$O$_{24}$]$^{6-}$、[W$_{12}$O$_{42}$H$_2$]$^{10-}$ 等。

除此之外,钼和钨的含氧酸中还有许多的聚酸离子和杂酸离子(两种以上的含氧酸的缩合产生的酸)的复杂结构。

钼和钨与碳反应生成的碳化物,是坚硬的高耐酸性的物质,特别是碳化钨(WC),摩氏硬度高达 9,非常坚硬,熔点为 2 860℃,且耐热性高,作为超硬合金广泛使用于刀具和拉丝模中。

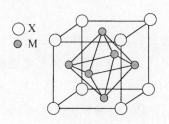

○ X
● M

图 7 - 18 卤化物的簇结构

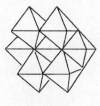

$[Mo_7O_{24}]^{6-}$

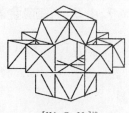

$[W_{12}O_{42}H_2]^{10-}$

图 7 - 19 钼和钨的聚酸离子$[Mo_7O_{24}]^{6-}$、$[W_{12}O_{42}H_2]^{10-}$的结构

电致变色器件

电致变色(electrochromic)器件,一般由透明电极、电解质、光致变色物质层的结层结构构成,通过施加电压发生电化学的氧化还原反应,使无色物质与有色物质之间进行可逆变化。这种器件,用于电压驱动型的显示器及家用住宅等的遮光玻璃等。

7.4.4 锝(Tc)、铼(Re)

锝是 1937 年由佩里埃(C. Perrier)和塞格雷(E. Segré)人工发现的第一个元素,以氘核轰击钼而得。

$$_{42}^{96}Mo + _{1}^{2}H \longrightarrow _{43}^{97}Tc + _{0}^{1}n$$

铀(^{235}U)的核分裂生成物中也可以得到相当量的锝(^{99}Tc:半衰期 2.12×10^5 年)。锝存在 20 种以上的同位素,都是放射性元素,不是稳定的同位素。

铼是 1925 年由诺达克(W. Noddack)、塔克(I. Tacke)(诺达克夫妇)和贝格(O. Berg)发现的。铼是银白色的金属,熔点高,仅次于钨。铼(Ⅵ)的氧化物 ReO_3 尽管是氧化物,但其导电率异常高。铼的三氯化物具有如图 7 - 20 所示的以 Re_3Cl_9 为单位的簇结构。

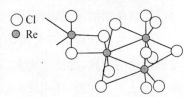

○ Cl
● Re

图 7 - 20 Re_3Cl_9 的簇结构

7.4.5 铂族金属

(1) 钌(Ru)、锇(Os)。钌是硬而脆的银白色金属,与铂一样,不易被氧化和腐蚀,耐王水侵蚀。将钌与铂和钯做成合金,可作为装饰用贵金属和电触头材料。

钌和锇被氧化剂氧化,变成挥发性的四氧化钌(RuO_4)和氧化锇(OsO_4)。

$[Ru(bipyridine)_3]Cl_2$是太阳光分解水产生氢反应的催化剂,称作光能变换配位体。

(2) 铑(Rh)、铱(Ir)。铑是银白色的金属不溶于王水,具有通过研磨得到高的反射率的性质,用于光学仪器、装饰品等的表面电镀。由于其电阻比铂和钯还小,空气中又稳定,用作电触头材料。

铱是金属中最不易腐蚀的物质,即使在热的王水中也不溶解。密度为22.6,和锇一样是比重最大的物质之一。

在氧化数Ⅳ或Ⅴ的高氧化状态下有RhF_5这样的氧化物。氧化数为Ⅲ、已知的有类似于$Co(Ⅲ)$配位体的反磁性的八面体配位体。$Na_3[RhCl_6]$在水溶液中生成粉红色的离子,添加氢氧根离子生成Rh_2O_3。其溶解于$HClO_4$中,生成$[Rh(H_2O)_6]^{3+}$,结晶后得到黄色的盐。

此外,Rh_2O_3溶解于盐酸后,浓缩得到暗红色的铑氯化物的水合物($RhCl_3 \cdot H_2O$),作为铑化合物合成的出发原料。氧化数为Ⅰ的配位体中有称为威尔金森(Wilkinson)配位体的紫红色化合物$[Rh(Cl)\{P(C_6H_5)_3\}]$,可以用作烯烃和乙炔氢化的催化剂。

六氯铱酸盐(Na_2IrCl_6)是黑色的盐,易溶于水。暗褐色的$Ir(Ⅳ)Cl_6^{2-}$可以氧化许多有机化合物,也可以被碘化钾或草酸离子还原,变成黄绿色的$Ir(Ⅲ)Cl_6^{2-}$。

(3) 钯(Pd)、铂(Pt)。钯是银白色金属,为提炼铜、锌和镍的副产物。钯可以以氢化物的形式吸收自身体积900倍的氢气。

铂天然是铱或锇等金属的合金,或者以硫化物和砷化物的形式产出。铂是银白色的金属,能溶于王水。铂具有化学惰性,经氨氧化后广泛用作制备硝酸的催化剂。此外,还用在电极、电阻丝、热电偶等的制造中。

铂、钯、铑作为催化剂是重要的金属,特别是作为CO_2、NO_x净化的催化剂,在汽车的催化剂体系中是必不可少的金属。

氯化钯($PdCl_2$)中有 α 型和 β 型,在 550℃ 以上形成不稳定的 α 型,在 550℃ 以下形成 β 型。氯化铂($PtCl_2$)中也有 α 型和 β 型。β 型通过卤素架桥形成具有 M_6Cl_{12} 那样的单位分子结构(见图 7 - 21)。

与此相对,α - $PdCl_2$ 具有如图 7 - 22 所示的链状结构,而 α - $PtCl_2$ 的结构尚不清楚。这类结构中,Pd(Ⅱ)和 Pt(Ⅱ)具有平面型配位结构。

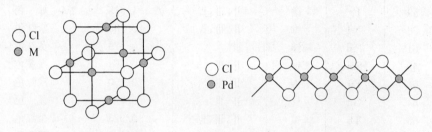

图 7 - 21 M_6Cl_{12} 的结构　　　　　　图 7 - 22 α - $PdCl_2$ 的结构

钯(Ⅱ)与铂(Ⅱ)的配位体,有 $[Pt(NH_3)_4]Cl_2$ 的平面型四配位体和五配位体。卤代阴离子(MCl_4^{2-})的盐经常被用作出发原料。铂(Ⅳ)的配位体 $[Pt(NH_3)_6]Cl_4$ 具有八面体型结构。钠和钾的六氯化铂酸盐(Na(K)$_2$[$PtCl_6$])也是各种化合物合成的出发原料。此外,铂溶解于王水后蒸发得到橙色结晶是 $H_2PtCl_6 \cdot 6H_2O$。

铂系催化剂:碳-碳直接键合的新展开

铂族金属经常被用作催化剂。19 世纪 70 年代,铃木章、根岸英一、理查德·何柯用钯作为催化剂,成功地生成了不同的有机化合物之间难以形成的碳-碳键"交叉偶联",对医疗药品和液晶等利用有机合成化学做出了贡献,2010 年被授予了诺贝尔化学奖。该"交叉偶联"反应中,日本化学研究者的贡献很大,受人尊敬。

7.4.6　三族过渡金属

从钪和钇及镧到镥的 17 种元素统称为稀土(rare eatth)元素。表7 - 5中罗列了镧系元素的性质。这些元素是元素周期表中三族元素中第四周期到第六周期的元素。

表 7-5 镧系元素的性质

原子序数	符 号	名 称	氧 化 数	M^{3+}离子半径/Å	M^{3+}的颜色
57	La	镧	Ⅱ,Ⅲ	1.061	无 色
58	Ce	铈	Ⅱ,Ⅲ,Ⅳ	1.034	无 色
59	Pr	镨	Ⅱ,Ⅲ,Ⅳ	1.013	绿 色
60	Nd	钕	Ⅱ,Ⅲ,Ⅳ	0.995	紫红色
61	Pm	钷	Ⅲ	0.979	黄红色
62	Sm	钐	Ⅱ,Ⅲ	0.964	浅黄色
63	Eu	铕	Ⅱ,Ⅲ	0.950	浅红色
64	Gd	钆	Ⅱ,Ⅲ	0.938	无 色
65	Tb	铽	Ⅱ,Ⅲ,Ⅳ	0.923	微红色
66	Dy	镝	Ⅱ,Ⅲ,Ⅳ	0.908	浅黄色
67	Ho	钬	Ⅱ,Ⅲ	0.894	橙黄色
68	Er	铒	Ⅱ,Ⅲ	0.881	红 色
69	Tm	铥	Ⅱ,Ⅲ	0.869	浅绿色
70	Yb	镱	Ⅱ,Ⅲ	0.858	无 色
71	Lu	镥	Ⅲ	0.848	无 色

含有稀土类元素的矿石已知的有独居石(monazite)、氟碳铈矿(bastnasite)、磷钇矿(xenotime)。稀土类元素不同于其名字,与金河银相比在地壳中存在的比例高,但相互之间的化学性质相似,作为单体分离,高纯度化困难。除了分离精制困难外,这些稀土还与放射性元素共存。

这类元素的原子半径和离子半径随着原子序号变大慢慢变小。这种现象称为镧系元素收缩(lanthanoid contraction),如图 7-23 所示。在镧系元素的4f 轨道的电子之间,原子核电荷的屏蔽效果差,电子增加一个而有效核电荷的增加效果更强,原子半径没有增加反而缩小。这种现象在锕系元素中也发生,称为锕系收缩。镧系元素的化合物中氧化数有Ⅱ、Ⅲ、Ⅳ,主要以Ⅲ为主。具有不成对电子的镧系离子具着色功能和顺磁性。

钇具有与镧系相似的化学性质,这是由于在镧系元素后半位置的元素的Tb^{3+}和 Dy^{3+} 的离子半径与 Y^{3+} 相等的缘故。由于这些化学性质的相似,当元素之间分离困难时,可以根据这些元素的水合离子半径差异,利用离子交换树

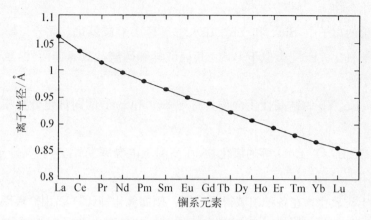

图 7-23 镧系元素收缩

脂进行分离。

在工业上稀土类元素作为荧光体、高性能磁铁、发光二极管、磁光盘、激光发光材料、高曲折率镜片、催化剂和液晶面板研磨剂、电子材料、合金材料等在汽车、家电制品中是必不可少的宝贵元素。

稀土类元素通常是三价的阳离子，氧化物以 R_2O_3（R：稀土类元素）来表示。结晶结构以萤石结构为基本的结构。稀土类元素的氧化物全部显示强碱性，离子半径越大其碱性越强；大气中吸收二氧化碳，加热不到 800 ℃以上不能除去；溶于酸，生成 R^{3+}；加碱形成氢氧化物沉淀。

镧系元素的氧化数Ⅲ的化合物中，已知的有配位数为 6～12 的物质，配位的形式根据原子的大小而不同。例如，$[Ce(NO_3)_6]^{3-}$ 是十二配位，是扭曲的正二十面体。

氧化钪（Sc_2O_3）与其他的镧系氧化物相比，其碱性弱，类似于氧化铝（Al_2O_3）。氧化钪作为两性氧化物，溶解于氢氧化钠水溶液中，生成钪酸离子（$[Ce(OH)_6]^{3-}$）。在卤化物中，氟化钪（ScF_3）类似于氟化铝（AlF_3），在过剩的氟酸中溶解，生成 ScF_6^{3-}。

铈（Ⅳ）在水溶液中或在固体中存在。二氧化铈（Ⅳ）（CeO_2）只能溶解于有还原剂（H_2O_2 等）的酸中生成 Ce^{3+}。Ce^{4+} 与 Zr^{4+}，和四价的镧系元素的化学性质相似。

镨（Ⅳ）和铽（Ⅳ）仅以氧化物及氟化物存在。这类氧化物是非化学定量性的复杂化合物。

二价的离子中，Sm^{2+} 和 Yb^{2+} 在水中迅速溶解被氧化。此外。Eu^{2+} 在空气中就被氧化。Eu^{2+} 类似于 Ba^{2+}，其硫酸盐和碳酸盐具有非溶性，氢氧化物具有可溶性。

Sm、Eu、Yb 的结晶性化合物具有与 Sr^{2+} 和 Ba^{2+} 的同种化合物相同的晶体结构。

Y_2O_3、La_2O_3、EuO_3 等的氧化物，在高温下电导率变大，与氧气分压相关，导电率不同。

稀土类氧化物在各种领域得到应用。例如氧化铈（CeO_2）用作玻璃的研磨剂。纯的氧化锆会如前面所述，通过高温下的相转移实现自我破坏，稀土类元素的绝大部分可以作为防止这种现象发生的稳定剂。

添加了 $3\sim8$ mol％氧化钇（Y_2O_3）以稳定化的氧化锆（YSZ），其离子的传导率高，可以用作氧气探测器以及使用在固体燃料电池中。添加了 3mol％的氧化钇（Y_2O_3）以部分稳定化的氧化锆（PSZ）作为高强度、高韧性的陶瓷得到广泛使用。此外，氧化钇还用作 Si_3N_4 和 AIN 的烧结助剂。氧化钇中添加 10％氧化钍［氧化钍（Ⅳ），ThO_2］的固溶体的烧结体，在高温下（$>2\,000℃$）表现出高的透光性，可以用作高压钠灯管和高温炉的窗口。氧化钇及其复合氧化物（Y_2O_3：Eu^{3+}，$YAlO_3$：Ce^{3+}）可用作荧光体。

掺杂 Nd^{3+} 的石榴石 $Y_3Al_5O_{12}$（YAG：氧化钇·氧化铝·石榴石）是熟知的固体激光材料。$Y_3Fe_5O_{12}$（YIG）是具有石榴石型晶体结构的磁性材料，用于微波器件和雷达系统中。此外，最近发现（La，Y）-（Ba，Sr）-Cu-O 系的复合氧化物显示出超导性，作为材料其用途开发正在进行中。

稀土类元素的资源问题

日本和欧美进口稀土类元素，主要依赖于占世界供给量 97％的中国。根据美国地质调查所的报告，中国占世界储藏量 36％，其次是俄罗斯、美国和澳大利亚等。以前开采的美国矿山，在与中国产品的价格竞争中失败后撤退。在中国的南部，用酸性的液体淋洗风化的花岗岩，从浸渍的液体中回收稀土类元素。中国政府的出口限制的理由之一就是环境问题。此外，在中国内蒙古地区的含有放射性物质的矿山的开采中，对放射性元素污染环境对策的开发中以及对不含放射性元素物质的采掘中，留意新型萃取-精制分离法的开发以及使用材料的回收方法的开发等诸多问题臻待解决。

此外，从资源的长期有效利用出发，200℃的高温下还能够发挥高性能磁性的 Nd-Fe-B 系磁铁中的添加元素镝(Dy)，在中国以外可低成本开采的矿床几乎没有。考虑环境保护，从矿石中稀土类元素的萃取-分离精制、高纯度化工艺的开发以及稀土类元素替代材料的研究，也是化学工作者的义务和责任。

7.4.7　锕系元素

锕系元素(actinoids)是从锕开始的 15 种元素，是 5f 轨道的电子填满的系列。除了钍(Th)和镤(Pa)之外，具有 $5f^n$ 的电子配置，表现出与镧系元素的 $4f^n$ 相似的性质。锕系元素全部是放射性元素，原子序数 93 的镎(Np)后面的元素通过人工核反应合成、发现的。镎后面的元素称为超铀元素。

锕系元素的化学性质非常复杂，表 7-6 汇总了锕系元素的性质。在锕系元素中也可以看到有的元素离子半径收缩(见图 7-24)。

表 7-6　锕系元素的性质

原子序数	符号	名称	M³⁺ 离子半径/Å	M⁴⁺ 离子半径/Å	氧 化 数
89	Ac	锕	1.11		Ⅲ
90	Th	钍		0.90	Ⅲ,Ⅳ
91	Pa	镤		0.96	Ⅲ,Ⅳ,Ⅴ
92	U	铀	1.03	0.93	Ⅲ,Ⅳ,Ⅴ,Ⅵ
93	Np	镎	1.01	0.92	Ⅲ,Ⅳ,Ⅴ,Ⅵ,Ⅶ
94	Pu	钚	1.00	0.90	Ⅲ,Ⅳ,Ⅴ,Ⅵ,Ⅶ
95	Am	镅	0.99	0.89	Ⅱ,Ⅲ,Ⅳ,Ⅴ,Ⅵ
96	Cm	锔	0.985	0.88	Ⅲ,Ⅳ
97	Bk	锫	0.98		Ⅲ,Ⅳ

（续表）

原子序数	符号	名称	M³⁺ 离子半径/Å	M⁴⁺ 离子半径/Å	氧 化 数
98	Cf	锎	0.977		Ⅱ，Ⅲ，Ⅳ
99	Es	锿			Ⅱ，Ⅲ
100	Fm	镄			Ⅱ，Ⅲ
101	Md	钔			Ⅱ，Ⅲ
102	No	锘			Ⅱ，Ⅲ
103	Lr	铹			Ⅲ
104	Rf	𬬻			

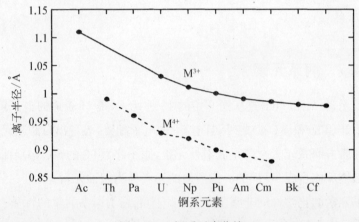

图 7 - 24　锕系元素收缩

锎在铀矿中微量存在，可以通过中子反应合成，氧化数只有三价，与镧系元素的性质非常相似，由于其强烈的放射性只限于用于研究。

钍的主要矿石是独居石。钍的化合物有硝酸盐[Th(NO₃)₄·5H₂O]，其加热生成 ThO₂ 二氧化物。

镤的四价化合物很少，基本上都是五价的。已知的有 Pa₂Cl₁₀、Pa₂O₅ 的氯化物和 PaF₆⁻、PaF₇²⁻、PaF₈³⁻ 的氟配位体，类似于钽化合物。

天然铀中有三种同位素，都是放射性元素。其中，²³⁵U 由中子产生核分裂反应生成。²³⁸U 采用高能的中子也会发生核分裂反应。氧化铀(UO₂)用作原子炉的核燃料。UO₂ - PuO₂ 系是利用燃料再处理得到的钚，在日本作为新型炉的燃料，其开发获得进展。

主要的铀氧化物有橙黄色的 UO_3、黑色的 U_3O_8 和褐色的 UO_2 等。这些氧化物都易溶解于硝酸中,生成黄色的硝酸铀 $[UO_2(NO_3)_2 \cdot H_2O]$。六氟化物 (UF_6) 是强的氧化剂。此外,铀在常温下容易与氢反应生成发火性的黑色氢化物 (UH_3)。合成铀化合物比起金属更会使用这种氢化合物。

从铀中分离镎、钚、镅,可以利用各种元素不同的氧化态离子的稳定性差异。氧化数Ⅲ和Ⅳ的离子的稳定性如下所示:

$$UO_2^{2+} > NpO_2^{2+} > PuO_2^{2+} > AmO_2^{2+}$$

$$Am^{3+} > Pu^{3+} > Np^{3+} > U^{3+}$$

随着原子序数的增大,低氧化态趋于稳定。但是,镎和镅存在有氧化数Ⅳ的化合物。

锔、锫、锎、锿、镄的所有氧化数Ⅲ的 M^{3+} 稳定。